영재교육원, 경시대회 준비를 위한

창의사고력 초등 수학 팩토

이 책의 구성과 특징

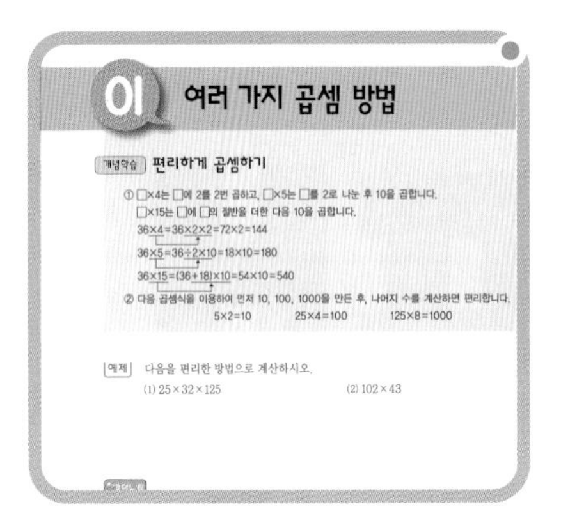

01 여러 가지 곱셈 방법

개념학습 편리하게 곱셈하기

① □×4는 □에 2를 2번 곱하고, □×5는 □를 2로 나눈 후 10을 곱합니다.
□×15는 □에 □의 절반을 더한 다음 10을 곱합니다.
$36\times4=36\times2\times2=72\times2=144$
$36\times5=36\div2\times10=18\times10=180$
$36\times15=(36+18)\times10=54\times10=540$
② 다음 곱셈식을 이용하여 먼저 10, 100, 1000을 만든 후, 나머지 수를 계산하면 편리합니다.
$5\times2=10$ $25\times4=100$ $125\times8=1000$

예제 다음을 편리한 방법으로 계산하시오.
(1) $25\times32\times125$ (2) 102×43

개념학습

'창의사고력 수학' 여기서부터 출발!!
다양한 예와 그림으로 알기 쉽게 설명해 주는 개념학습, 개념을 바탕으로 풀 수 있는 핵심 예제가 소개됩니다.
생각의 방향을 잡아 주는 강의노트를 따라가다 보면 어느새 원리가 머리에 쏙쏙!

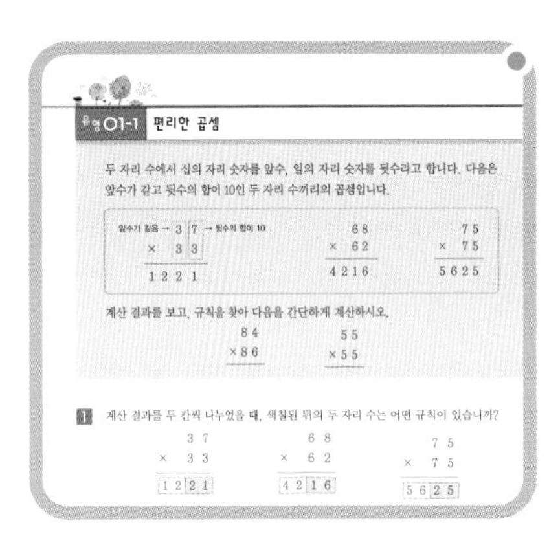

유형 01-1 편리한 곱셈

두 자리 수에서 십의 자리 숫자를 앞수, 일의 자리 숫자를 뒷수라고 합니다. 다음은 앞수가 같고 뒷수의 합이 10인 두 자리 수끼리의 곱셈입니다.

앞수가 같음 → 37, 뒷수의 합이 10: $37\times33=1221$ $68\times62=4216$ $75\times75=5625$

계산 결과를 보고, 규칙을 찾아 다음을 간단하게 계산하시오.
84×86 55×55

1 계산 결과를 두 칸씩 나누었을 때, 색칠된 뒤의 두 자리 수는 어떤 규칙이 있습니까?
$37\times33=12|21$ $68\times62=42|16$ $75\times75=56|25$

유형탐구

창의사고력 주요 테마의 각 주제별 대표유형을 소개합니다.
한발 한발 차근차근 단계를 밟아가다 보면 문제해결의 실마리를 찾을 수 있습니다.

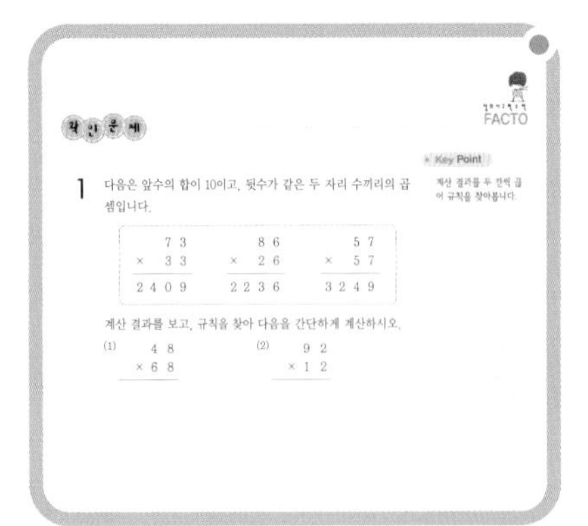

확인문제 FACTO

1 다음은 앞수의 합이 10이고, 뒷수가 같은 두 자리 수끼리의 곱셈입니다.
$73\times33=2409$ $86\times26=2236$ $57\times57=3249$
계산 결과를 보고, 규칙을 찾아 다음을 간단하게 계산하시오.
(1) 48×68 (2) 92×12

Key Point
계산 결과를 두 칸씩 끊어 규칙을 찾아봅니다.

확인문제

개념학습과 유형탐구에서 익힌 원리를 적용하여 새로운 문제를 해결해가는 확인문제입니다.
핵심을 콕콕 집어 주는 친절한 Key Point를 이용하여 문제를 해결하고 나면 사고력이 어느새 성큼! 실력이 쑥!

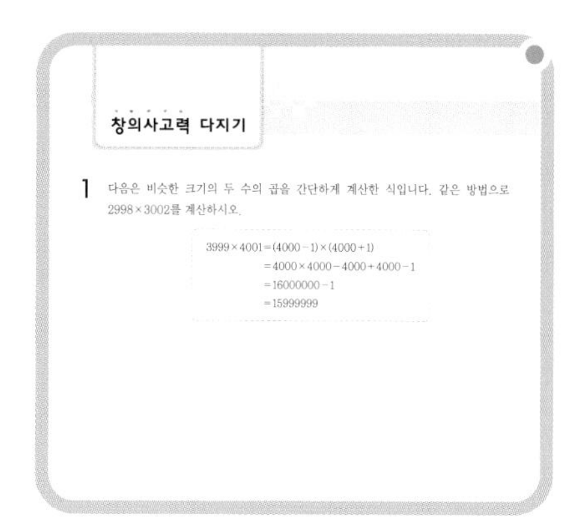

창의사고력 다지기

1 다음은 비슷한 크기의 두 수의 곱을 간단하게 계산한 식입니다. 같은 방법으로 2998×3002를 계산하시오.

$$\begin{aligned}3999 \times 4001 &= (4000-1) \times (4000+1)\\ &= 4000 \times 4000 - 4000 + 4000 - 1\\ &= 16000000 - 1\\ &= 15999999\end{aligned}$$

창의사고력 다지기

앞에서 익힌 탄탄한 기본 실력을 바탕으로
창의력 · 사고력을 마음껏 발휘해 보세요.
창의적인 생각이 논리적인 문제해결 능력으로
완성됩니다.

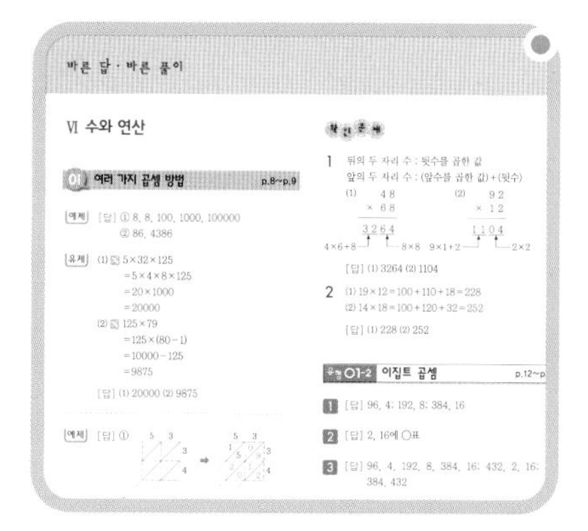

바른 답 · 바른 풀이

VI 수와 연산

01 여러 가지 곱셈 방법 p.8~p.9

[예제] [답] ① 8, 8, 100, 1000, 100000
② 86, 4386

[유제] (1) $5 \times 32 \times 125 = 5 \times 4 \times 8 \times 125 = 20 \times 1000 = 20000$
(2) $125 \times 79 = 125 \times (80-1) = 10000 - 125 = 9875$
[답] (1) 20000 (2) 9875

[예제] [답] ①

확인문제

1 뒤의 두 자리 수 : 뒷수를 곱한 값
앞의 두 자리 수 : (앞수를 곱한 값) + (뒷수)
(1) $48 \times 68 = 3264$ ($4 \times 6 + 8$, 8×8)
(2) $92 \times 12 = 1104$ ($9 \times 1 + 2$, 2×2)
[답] (1) 3264 (2) 1104

2 (1) $19 \times 12 = 100 + 110 + 18 = 228$
(2) $14 \times 18 = 100 + 120 + 32 = 252$
[답] (1) 228 (2) 252

유형 01-2 이집트 곱셈 p.12~p

1 [답] 96, 4; 192, 8; 384, 16

2 [답] 2, 16에 ○표

3 [답] 96, 4, 192, 8, 384, 16; 432, 2, 16; 384, 432

바른 답 · 바른 풀이

바른 답 · 바른 풀이와 함께
문제를 쉽게 접근할 수 있는 방법이 상세하게
제시되어 있습니다.

이 책의 차례

Ⅵ. 수와 연산

01 여러 가지 곱셈 방법 8
02 수와 숫자의 개수 16
03 배수판정법 24

Ⅶ. 언어와 논리

04 패리티 전략 34
05 서랍 원리 42
06 참말과 거짓말 50

Ⅷ. 도형

07 점을 이어 만든 도형 60

08 도형 붙이기와 나누기 68

09 색종이 접기 76

Ⅸ. 경우의 수

10 최단경로의 가짓수 86

11 경우의 수 94

12 프로베니우스의 동전 102

Ⅹ. 규칙과 문제해결력

13 거리와 속력 112

14 과부족 120

15 재치있게 풀기 128

머리말

서로 다른 펜토미노 조각 퍼즐을 맞추어 직사각형 모양을 만들어 본 경험이 있는지요?

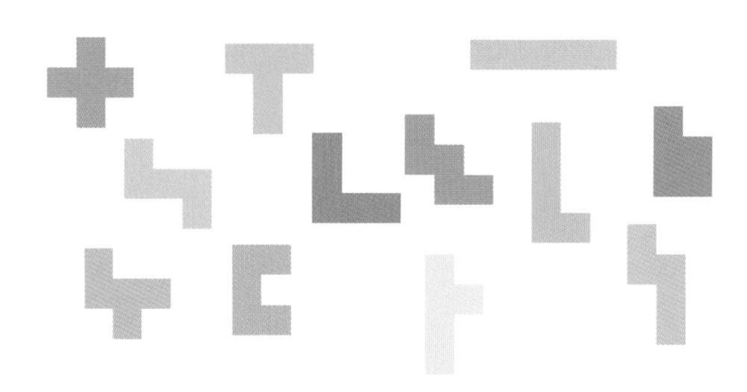

한참을 고민하여 스스로 완성한 후 느끼는 행복은 꼭 말로 표현하지 않아도 알겠지요. 퍼즐 놀이를 했을 뿐인데, 여러분은 펜토미노 12조각을 어느 사이에 모두 외워버리게 된답니다. 또, 보도블럭을 보면서 조각 맞추기를 하고, 화장실 바닥과 벽면의 조각들을 보면서 멋진 퍼즐을 스스로 만들기도 한답니다.
이 과정에서 공간에 대한 감각과 또 다른 퍼즐 문제, 도형 맞추기, 도형나누기에 대한 자신감도 생기게 되지요. 완성했다는 행복감보다 더 큰 자신감과 수학에 대한 흥미가 생기게 되는 것입니다.

팩토가 만드는 창의사고력 수학은 바로 이런 것입니다.

수학 문제를 한 문제 풀었을 뿐인데, 그 결과는 기대 이상으로 여러분을 행복하게 해 줍니다. 학교에서도 친구들과 다른 멋진 방법으로 문제를 해결할 수 있고, 중학생이 되어서는 더 큰 꿈을 이루는 밑거름이 되어 줄 것입니다.
물론 고민하고, 시행착오를 반복하는 것은 퍼즐을 맞추는 것과 같이 여러분들의 몫입니다. 팩토는 여러분에게 생각할 수 있는 기회를 주고, 그 과정에서 포기하지 않도록 여러분들을 도와주는 친구일 뿐입니다.
자, 그럼 시작해 볼까요? 팩토와 함께 초등학교에서 배우는 기본을 바탕으로 창의사고력 주요 테마의 각 주제를 모두 여러분의 것으로 만들어 보세요.

Ⅵ 수와 연산

01 여러 가지 곱셈 방법

02 수와 숫자의 개수

03 배수판정법

수와 연산

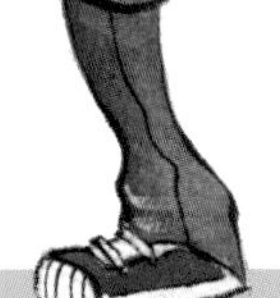

01 여러 가지 곱셈 방법

개념학습 편리하게 곱셈하기

① □×4는 □에 2를 2번 곱하고, □×5는 □를 2로 나눈 후 10을 곱합니다.
□×15는 □에 □의 절반을 더한 다음 10을 곱합니다.

$36\times4=36\times2\times2=72\times2=144$

$36\times5=36\div2\times10=18\times10=180$

$36\times15=(36+18)\times10=54\times10=540$

② 다음 곱셈식을 이용하여 먼저 10, 100, 1000을 만든 후, 나머지 수를 계산하면 편리합니다.

$5\times2=10$ $25\times4=100$ $125\times8=1000$

예제 다음을 편리한 방법으로 계산하시오.

(1) $25\times32\times125$ (2) 102×43

강의노트

① (1)에서 $32=4\times$□이므로

$25\times32\times125=25\times4\times$□$\times125$

$=$□$\times$□$=$□

② (2)에서 $102\times43=(100+2)\times43=4300+$□$=$□

유제 다음을 편리한 방법으로 계산하시오.

(1) $5\times32\times125$ (2) 125×79

개념학습 고대의 곱셈법

현대에는 누구나 쉽게 곱셈을 하지만 과거에는 귀족이나 관료 등 소수의 사람들만이 곱셈을 할 수 있었고, 곱셈하는 방법도 나라와 시대에 따라 달랐다고 합니다. 과거에 사용했던 방법으로는 이집트 곱셈, 러시아 곱셈, 문살 곱셈, 네이피어 곱셈 등이 있습니다.

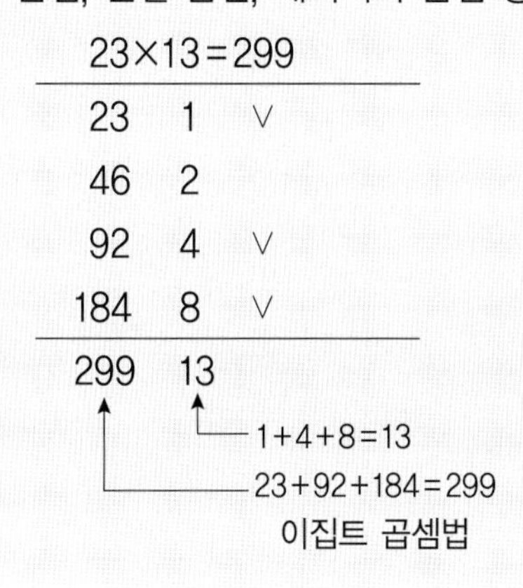

이집트 곱셈법

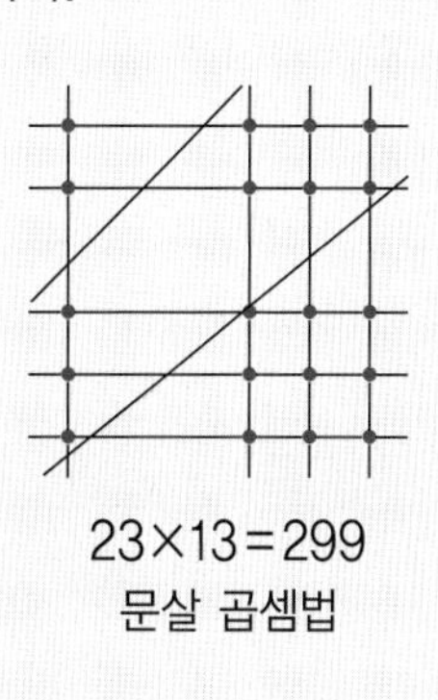
23×13=299
문살 곱셈법

예제 다음은 약 450년 전 스코틀랜드의 수학자 네이피어가 만든 곱셈법으로 63×47을 계산한 것입니다. 같은 방법으로 53×34를 계산하시오.

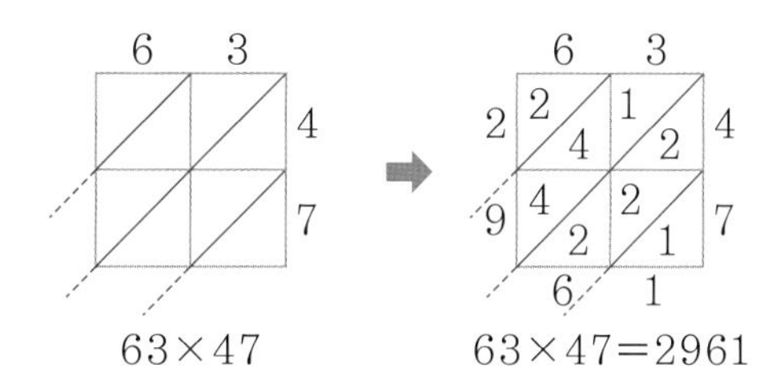

63×47 → 63×47=2961

강의노트

① 표의 위쪽에는 53을 쓰고, 오른쪽에는 34를 쓴 다음, 각 숫자를 곱하여 표를 완성합니다.

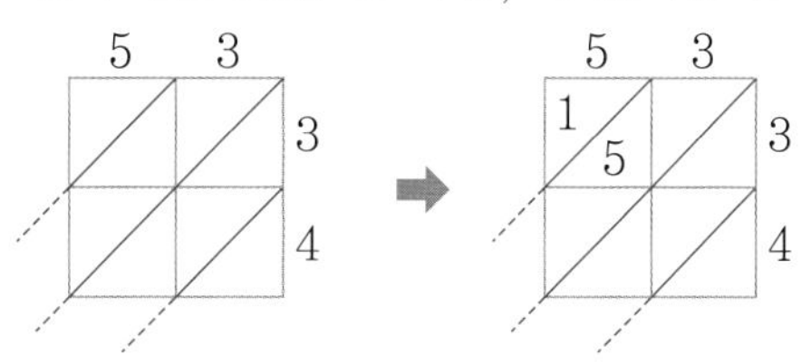

② 표의 숫자를 ↙ 방향으로 더합니다. 이 때, 합이 10이거나 10보다 크면 위로 받아올림합니다.

└→ 방향으로 차례대로 숫자를 쓰면 계산 결과가 됩니다.

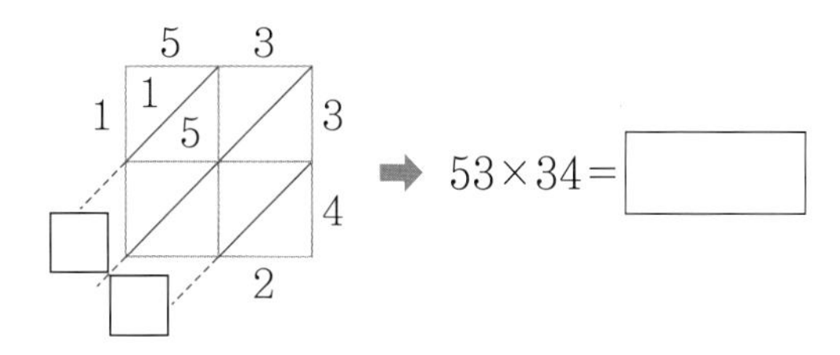

유형 01-1 편리한 곱셈

두 자리 수에서 십의 자리 숫자를 앞수, 일의 자리 숫자를 뒷수라고 합니다. 다음은 앞수가 같고 뒷수의 합이 10인 두 자리 수끼리의 곱셈입니다.

앞수가 같음 → 3 7 → 뒷수의 합이 10

$$\begin{array}{r} 37 \\ \times\ 33 \\ \hline 1221 \end{array} \qquad \begin{array}{r} 68 \\ \times\ 62 \\ \hline 4216 \end{array} \qquad \begin{array}{r} 75 \\ \times\ 75 \\ \hline 5625 \end{array}$$

계산 결과를 보고, 규칙을 찾아 다음을 간단하게 계산하시오.

$$\begin{array}{r} 84 \\ \times 86 \\ \hline \end{array} \qquad \begin{array}{r} 55 \\ \times 55 \\ \hline \end{array}$$

1 계산 결과를 두 칸씩 나누었을 때, 색칠된 뒤의 두 자리 수는 어떤 규칙이 있습니까?

$$\begin{array}{r} 37 \\ \times\ 33 \\ \hline 12|21 \end{array} \qquad \begin{array}{r} 68 \\ \times\ 62 \\ \hline 42|16 \end{array} \qquad \begin{array}{r} 75 \\ \times\ 75 \\ \hline 56|25 \end{array}$$

2 **1**에서 앞의 두 자리 수는 앞수와 관련이 있습니다. 어떤 규칙이 있습니까?

3 **1**, **2**의 규칙에 따라 다음을 간단하게 계산하시오.

$$\begin{array}{r} 84 \\ \times\ 86 \\ \hline \end{array} \qquad \begin{array}{r} 55 \\ \times\ 55 \\ \hline \end{array}$$

확인문제

Key Point

계산 결과를 두 칸씩 끊어 규칙을 찾아봅니다.

1 다음은 앞수의 합이 10이고, 뒷수가 같은 두 자리 수끼리의 곱셈입니다.

$$\begin{array}{r} 73 \\ \times\ 33 \\ \hline 2409 \end{array} \qquad \begin{array}{r} 86 \\ \times\ 26 \\ \hline 2236 \end{array} \qquad \begin{array}{r} 57 \\ \times\ 57 \\ \hline 3249 \end{array}$$

계산 결과를 보고, 규칙을 찾아 다음을 간단하게 계산하시오.

(1) $\begin{array}{r} 48 \\ \times\ 68 \\ \hline \end{array}$ (2) $\begin{array}{r} 92 \\ \times\ 12 \\ \hline \end{array}$

$1☆\times1▲$
$=100+(☆+▲)\times10$
$+(☆\times▲)$

2 다음은 (십몇)×(십몇)을 계산한 것입니다.

$13\times14=100+70+12=182$
$17\times16=100+130+42=272$
$15\times13=100+80+15=195$

규칙을 찾아 다음을 간단하게 계산하시오.

(1) 19×12 (2) 14×18

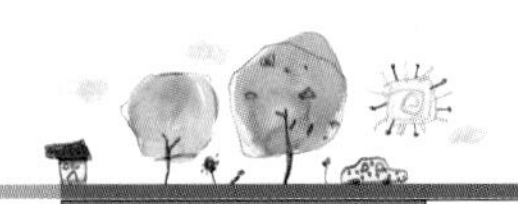

유형 01-2 이집트 곱셈

다음은 고대 이집트에서 사용했던 곱셈 방법으로 26×12를 계산한 것입니다. 같은 방법으로 24×18을 계산하시오.

$26 \times 12 = 312$

26	1	
52	2	
104	4	∨
208	8	∨
312	12	

$104+208=312$ → 312, 12 ← $4+8=12$

1 □ 안에 알맞은 수를 써 넣으시오.

24×18

×2	24	1	×2
	48	2	
×2	□	□	×2
×2	□	□	×2
×2	□	□	×2

2 **1**의 오른쪽 수 중에서 더해서 18이 되는 수에 ○표 하시오.

3 **2**에서 ○표 한 수의 왼쪽 수를 더하면 곱셈 결과가 됩니다. 곱셈을 완성하시오.

24×18

24	1
48	2
□	□
□	□
□	□
□	18=□+□

↑ □+□=□

확인문제

Key Point

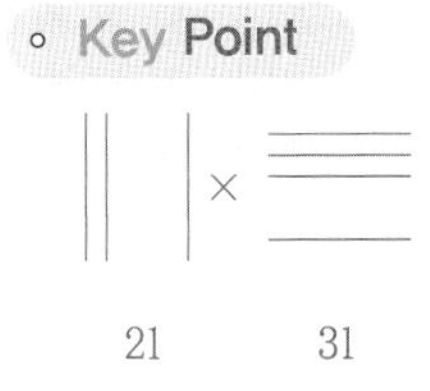

1 문살 곱셈법은 중국의 한 무공이 문을 만들면서 가로 살대와 세로 살대가 만나는 점을 바라보다가 우연히 발견한 곱셈법으로 네이피어 곱셈법의 원리와 같습니다.

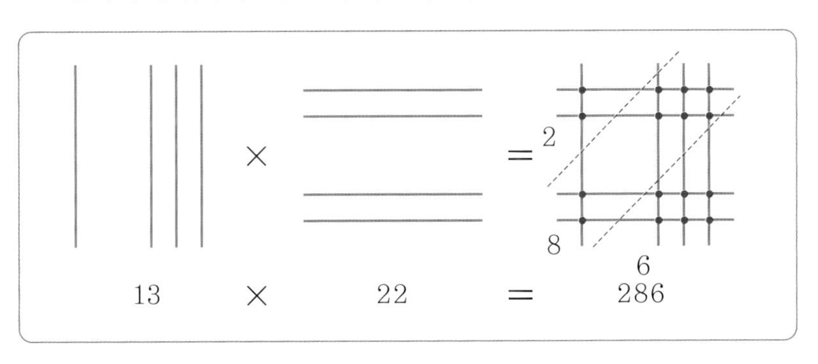

21×31을 문살 곱셈법으로 계산하여 보시오.

2 다음을 이집트 곱셈 방법으로 계산하시오.

(1) 23×52

(2) 18×25

■×▲에서 ■ 아래에는 ■, ■×2, …를 쓰고, ▲ 아래에는 1, 1×2, …를 씁니다.

창의사고력 다지기

1 다음은 비슷한 크기의 두 수의 곱을 간단하게 계산한 식입니다. 같은 방법으로 2998×3002를 계산하시오.

$$\begin{aligned}3999\times4001&=(4000-1)\times(4000+1)\\&=4000\times4000-4000+4000-1\\&=16000000-1\\&=15999999\end{aligned}$$

2 다음은 네이피어 곱셈법으로 321×41을 계산하는 과정입니다. 빈 칸에 알맞은 수를 써 넣고, 계산 결과를 구하시오.

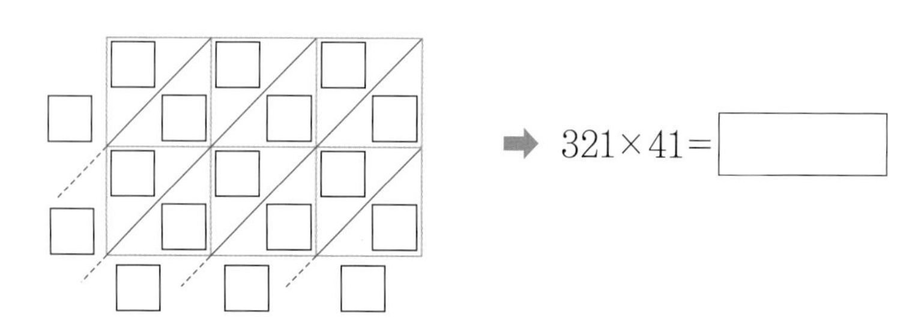

3 다음은 이집트의 곱셈 방식을 변형한 것입니다.

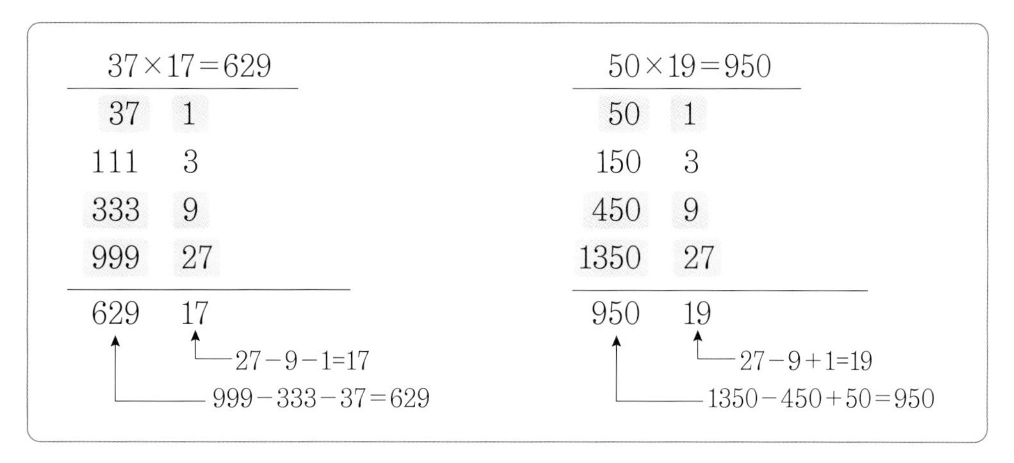

위와 같은 방법으로 15×26을 계산하시오.

4 다음은 러시아 농부들이 사용했던 곱셈 방법입니다.

13×5=65

∨	13	5	(13을 2로 나누면 나머지가 1입니다.)
	6	10	(6을 2로 나누면 나누어 떨어집니다.)
∨	3	20	(3을 2로 나누면 나머지가 1입니다.)
∨	1	40	(1을 2로 나누면 나머지가 1입니다.)
		65	

65 ← 5+20+40

위와 같은 방법으로 19×25를 계산하여 보시오.

02 수와 숫자의 개수

개념학습 수와 숫자의 개수

① 다음과 같이 나열된 연속한 수에서 수는 6개이고, 숫자는 9개입니다.

7, 8, 9, 10, 11, 12

이와 같이 수는 0, 1, 2, 3, 4, 5, 6, 7, 8, 9의 10개의 숫자와 자릿값으로 이루어져 있습니다.

② 연속하여 나열된 수의 개수는 (마지막 수)−(처음 수)+1입니다.
예를 들어 5에서 10까지의 수의 개수는 10−5+1=6(개)입니다.

③ 연속하여 나열된 수의 숫자의 개수는
(한 자리 수의 개수)×1+(두 자리 수의 개수)×2+(세 자리 수의 개수)×3+…로 구할 수 있습니다.

예제 10에서 999까지의 수를 쓸 때, 수의 개수와 숫자의 개수를 각각 구하시오.

강의노트

① 10에서 999까지의 수의 개수는
□−□+□=□(개)입니다.

② 10에서 999까지의 수 중에서
두 자리 수는 10에서 99까지의 수이므로 □−□+□=□(개),
세 자리 수는 100에서 999까지의 수이므로 □−□+□=□(개)입니다.

③ 두 자리 수는 하나의 수에 숫자가 2개씩, 세 자리 수는 □개씩 있으므로 숫자는
모두 □×2+□×3=□(개)입니다.

유제 5에서 105까지의 수를 쓸 때, 수의 개수와 숫자의 개수를 각각 구하시오.

개념학습 숫자 7의 개수

① 1에서 99까지 수를 쓸 때, 0을 제외한 숫자는 모두 20번씩 나옵니다.

예를 들어 1에서 99까지의 수를 쓸 때 숫자 7은

▨7일 때, 07, 17, 27, 37, 47, 57, 67, 77, 87, 97 ➡ 10번

7▨일 때, 70, 71, 72, 73, 74, 75, 76, 77, 78, 79 ➡ 10번

모두 20번 나옵니다.

② 1에서 999까지의 수를 쓸 때, 0을 제외한 숫자는 모두 300번씩 나옵니다.

예를 들어 1에서 999까지의 수를 쓸 때 숫자 7은

▨▨7일 때, 007, 017, 027, ···, 977, 987, 997 ➡ 100번

▨7▨일 때, 070, 071, 072, ···, 977, 978, 979 ➡ 100번

7▨▨일 때, 700, 701, 702, ···, 797, 798, 799 ➡ 100번

모두 300번 나옵니다.

예제 1에서 300까지 수를 쓸 때, 숫자 2는 모두 몇 번 씁니까?

강의노트

① 1에서 300까지의 수 중 일의 자리 숫자가 2인 수를 ■■2, 십의 자리 숫자가 2인 수를 ■2■, 백의 자리 숫자가 2인 수를 2■■라고 하여 각각의 수를 차례로 쓰면 다음과 같습니다.

일의 자리 숫자가 2인 수(■■2) : 002, 012, 022, 032, ···, 282, 292

십의 자리 숫자가 2인 수(■2■) : 020, 021, 022, 023, ···, 228, 229

백의 자리 숫자가 2인 수(2■■) : 200, 201, 202, 203, ···, 298, 299

② 일의 자리에 숫자 2는 ■■2와 같은 수 □□2에서 □□2까지 ■■가 될 수 있는 수의 개수와 같은 29−0+1=□(번) 씁니다.

③ 같은 방법으로 십의 자리에 숫자 2는 00에서 29까지의 수의 개수와 같은 29−0+1=□(번) 씁니다.

④ 또, 백의 자리 숫자 2는 00에서 99까지의 수의 개수와 같은 99−0+1=□(번) 씁니다.

⑤ 따라서 숫자 2는 일의 자리에 □번, 십의 자리에 □번, 백의 자리에 □번 쓰게 되므로 모두 □+□+□=□(번) 씁니다.

유형 O2-1 숫자의 개수(1)

100에서 900까지의 수를 다음과 같이 차례로 쓸 때, 숫자 9는 모두 몇 번 쓰게 됩니까?

100, 101, 102, 103, …, 898, 899, 900

1 다음은 100부터 900까지의 수 중 일의 자리 숫자가 9인 수를 차례로 쓴 것입니다. 빈 칸을 채우고, 그 개수를 구하시오.

□□9, □□9, 129, …, 879, □□9, □□9

2 다음은 100부터 900까지의 수 중 십의 자리 숫자가 9인 수를 차례로 쓴 것입니다. 빈 칸을 채우고, 그 개수를 구하시오.

□9□, □9□, 192, …, 897, □9□, □9□

3 100부터 900까지의 수 중 백의 자리 숫자가 9인 수를 모두 쓰고, 그 개수를 구하시오.

4 100에서 900까지 수를 쓸 때, 숫자 9는 모두 몇 번 씁니까?

확인문제

Key Point

▨▨2, ▨2▨, 2▨▨의 세 가지 경우로 나누어 생각합니다.

1 다음과 같이 1부터 345까지의 수를 연속하여 쓸 때, 숫자 2는 모두 몇 번 쓰게 됩니까?

123456789101112…343344345

백의 자리에 들어갈 수 있는 숫자는 1뿐입니다.

2 수현이는 공책에 50에서 150까지의 수를 차례로 썼습니다. 수현이가 가장 많이 쓴 숫자는 무엇이며, 또 그 숫자는 모두 몇 번 쓰게 됩니까?

유형 02-2 숫자의 개수(2)

숫자 카드 300장으로 다음과 같이 연속하는 수를 차례로 만들었습니다. 가장 마지막에 만든 수를 구하시오.

[1], [2], [3], [4], [5], [6], [7], [8], [9], [1][0], [1][1], [1][2] …

1 1에서 9까지의 한 자리 수를 만드는 데 사용한 숫자 카드는 9장입니다. 두 자리 수를 만드는 데 사용한 숫자 카드는 몇 장입니까?

2 300장의 숫자 카드 중 세 자리 수를 만드는 데 사용한 숫자 카드는 모두 몇 장입니까?

3 세 자리 수를 한 개 만드는 데 숫자 카드 3장이 필요합니다. **2**에서 남은 숫자 카드로 세 자리 수는 몇 개 만들 수 있습니까?

4 가장 작은 세 자리 수인 100부터 **3**에서 구한 개수만큼 세 자리 수를 만들 때, 가장 마지막에 만든 수는 무엇입니까?

확인문제

Key Point

1 600개의 숫자를 사용하여 1부터 연속하는 수를 차례로 써 나갈 때, 가장 마지막에 쓰는 수는 무엇입니까?

한 자리 수, 두 자리 수, 세 자리 수를 쓰는 데 사용한 숫자의 개수를 나누어 생각합니다.

2 200장의 숫자 카드를 사용하여 다음과 같이 1부터 연속하는 수를 차례로 만들었습니다. 가장 마지막에 놓이는 숫자 카드는 무엇입니까?

[1], [2], [3], [4], [5], [6], [7], [8], [9], [1][0], [1][1], [1][2], …

마지막으로 만들어지는 수와 남은 숫자 카드를 생각합니다.

창의사고력 다지기

1 동원이는 숫자 자판을 한 번 누르는 데 1초 걸린다고 합니다. 컴퓨터 자판으로 1에서 1000까지의 수를 차례로 모두 누르는 데는 몇 분 몇 초 걸립니까? (단, 일정한 빠르기로 쉬지 않고 자판을 누릅니다.)

2 1에서 999까지의 수를 쓸 때, 숫자 5의 개수와 숫자 5가 들어간 수의 개수를 각각 구하시오.

3 가람이네 컴퓨터는 비밀번호를 알아야 사용할 수 있다고 합니다. 비밀번호의 앞의 두 자리 수는 1에서 77까지의 수 중에서 숫자 7의 개수와 같고, 뒤의 두 자리 수는 1에서 77까지의 수 중에서 숫자 3의 개수와 같습니다. 가람이네 컴퓨터의 비밀번호를 구하시오.

4 1에서 900까지의 수를 다음과 같이 차례로 씁니다. 가장 적게 쓴 숫자와 그 개수를 구하시오.

1 2 3 4 5 6 7 8 9 10 11 12 13 …

03 배수판정법

개념학습 배수판정법 (1)

① 어떤 수를 1배, 2배, 3배, 4배, …한 수를 어떤 수의 배수라고 합니다.
또, 주어진 수가 어떤 수로 나누어 떨어질 때 그 수는 어떤 수의 배수입니다.

② 직접 나누어 보지 않고 일의 자리 숫자와 각 자리 숫자의 합을 이용하면 그 수가 어떤 수의 배수인지 알 수 있습니다

2의 배수 : 일의 자리 숫자가 0, 2, 4, 6, 8입니다.	예 24, 82
5의 배수 : 일의 자리 숫자가 0 또는 5입니다.	예 105, 240
3의 배수 : 각 자리 숫자의 합이 3의 배수입니다.	예 78 → 7+8=15(3의 배수)
9의 배수 : 각 자리 숫자의 합이 9의 배수입니다.	예 216 → 2+1+6=9(9의 배수)

예제 다음 숫자 카드에서 3장을 뽑아 만든 세 자리 수 중 2, 5, 9로 나누었을 때 모두 나누어 떨어지는 수를 구하시오.

2 4 5 0 6

강의노트

① 2와 5로 나누었을 때 나누어 떨어지려면 일의 자리 숫자가 □이 되어야 합니다.

② 9로 나누었을 때 나누어 떨어지려면 각 자리 숫자의 합이 □의 배수이어야 하므로 뽑을 수 있는 3장의 카드는 0, □, □입니다.

③ 따라서 2, 5, 9로 나누었을 때 모두 나누어 떨어지는 세 자리 수는 □, □입니다.

유제 다음 네 자리 수는 3으로 나누어 떨어집니다. □ 안에 들어갈 수 있는 수를 모두 구하시오.

632□

개념학습 배수판정법 (2)

① 4의 배수는 끝의 두 자리 수가 00이거나 4의 배수이고, 8의 배수는 끝의 세 자리 수가 000이거나 8의 배수입니다. 예 4의 배수 : 5100, 4324, 8의 배수 : 5000, 3128

② 6의 배수는 2의 배수이면서 3의 배수인 수이므로 각 자리 숫자의 합이 3의 배수이고, 일의 자리 숫자가 0, 2, 4, 6, 8입니다. 예 822 → 8+2+2=12(3의 배수)

③ 12의 배수는 3의 배수이면서 4의 배수인 수이므로 각 자리 숫자의 합이 3의 배수이고, 끝의 두 자리 수가 00이거나 4의 배수입니다. 예 456 → 4+5+6=15(3의 배수)

예제 다음 다섯 자리 수가 12의 배수일 때 □ 안에 알맞은 숫자를 구하시오.

5325□

강의노트

① 12의 배수는 3의 배수이면서 □의 배수인 수입니다.

② 5+3+2+5=15이므로 5325□가 3의 배수가 되려면 □는 0, 3, □, □가 되어야 합니다.

③ 또, 5325□가 4의 배수가 되려면 끝의 두 자리 수인 5□가 4의 배수가 되어야 하므로 □는 2, □이 되어야 합니다.

④ 따라서 □ 안에 알맞은 숫자는 □입니다.

유제 1부터 50까지의 수 중에서 2의 배수이면서 3의 배수인 수는 모두 몇 개입니까?

유형 03-1 조건에 맞는 수 찾기

다음 | 조건 |을 만족하는 수 중 가장 큰 수와 가장 작은 수를 각각 구하시오.

| 조건 |

- 백의 자리 숫자가 3인 세 자리 수입니다.
- 5의 배수입니다.
- 3으로 나누어 떨어집니다.

1 위의 | 조건 |을 만족하는 수는 5의 배수입니다. 일의 자리 숫자가 될 수 있는 수를 모두 구하시오.

2 3으로 나누어 떨어지려면 각 자리 숫자의 합이 3의 배수이어야 합니다. **1** 에서 구한 각각의 경우 3의 배수가 되는 십의 자리 숫자를 모두 구하시오.

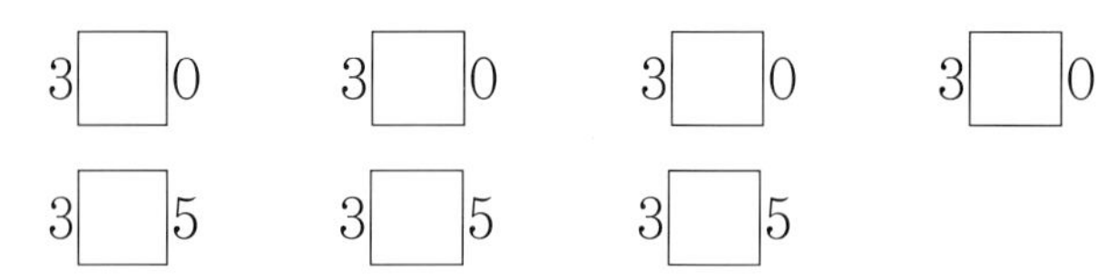

3 | 조건 |에 맞는 가장 큰 수와 가장 작은 수를 각각 구하시오.

4 위의 | 조건 |에서 둘째 번 조건을 4의 배수라고 할 때, | 조건 |을 만족하는 가장 큰 수는 얼마입니까?

확인문제

1 0, 1, 2, 3, 4, 5의 숫자 중에서 3개를 골라 세 자리 수를 만들었습니다. 2, 3, 5로 나누어 떨어지는 수는 모두 몇 개입니까?

Key Point

2, 5로 나누어 떨어지려면 일의 자리 숫자가 0이 되어야 합니다.

2 다섯 자리 수 ㉠235㉡은 9와 5로 나누어 떨어집니다. ㉠, ㉡이 될 수 있는 숫자를 모두 구하시오.

5로 나누어 떨어지는 수이므로 ㉡은 0 또는 5입니다.

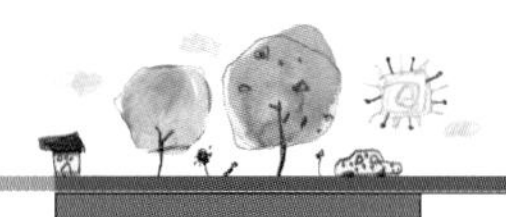

유형 03-2 배수판정법의 활용

성빈이네 집은 매달 비누를 3개씩 사용합니다. 어머니가 가계부를 정리하여 보니 작년에 비누를 사는 데 쓴 돈이 172□0원이었습니다. □ 안에 알맞은 숫자를 구하시오.

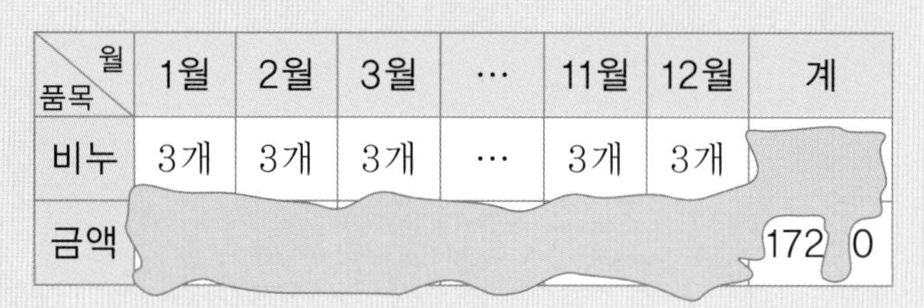

월 / 품목	1월	2월	3월	…	11월	12월	계
비누	3개	3개	3개	…	3개	3개	
금액							172□0

1 성빈이네 집에서 1년 동안 사용한 비누는 몇 개입니까?

2 비누 가격은 **1**에서 구한 비누의 개수인 36의 배수이므로 4의 배수이면서 9의 배수이어야 합니다. 4의 배수가 되기 위해 □ 안에 들어갈 수 있는 숫자를 모두 쓰시오.

3 **2**에서 구한 숫자 중 172□0을 9의 배수가 되게 하는 숫자를 구하시오.

4 1년 동안 비누를 사는 데 쓴 돈이 137□6원이라면 비누 한 개의 가격은 얼마입니까?

확인문제

1 친구 12명이 똑같이 돈을 모아서 유진이의 생일 선물을 샀습니다. 다음과 같이 영수증이 찢어져서 일의 자리 숫자가 보이지 않았습니다. 보이지 않는 일의 자리 숫자를 구하시오.

7560

> ◦ Key Point
> 12의 배수는 3의 배수이면서 4의 배수입니다.

2 문방구점에서 똑같은 공책 72권을 사고 □693■원을 냈습니다. 공책 1권의 값은 얼마입니까?

> 72의 배수는 8의 배수이면서 9의 배수입니다.

창의사고력 다지기

1 1, 2, 3, 4, 5를 한 번씩 사용하여 세 자리 수를 만들 때, 3, 5로 모두 나누어 떨어지는 수를 모두 구하시오.

2 다음 숫자 카드 중 3장을 뽑아 세 자리 수를 만들었을 때, 18의 배수는 모두 몇 개입니까?

0	1	2	3	4	5	6

3 다음은 학생 45명이 모두 같은 금액을 내어 모은 불우이웃돕기 성금이고, 십의 자리 숫자는 보이지 않습니다. 모은 돈은 모두 얼마입니까?

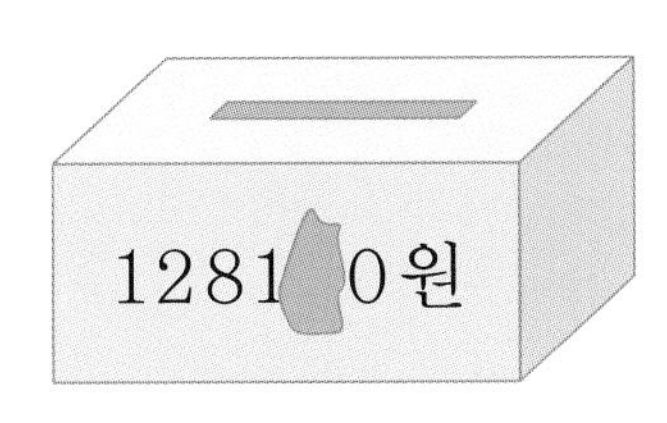

4 다음은 시은이가 라면 8봉지, 주스 3병, 귤 12개를 사고 받은 영수증입니다. 라면 1봉지, 주스 1병, 귤 1개의 가격을 각각 구하시오.

00슈퍼마켓
2008-11-02 #000014

상품	금액
㉠	9,975
㉡	5,120
㉢	3,840
합계	18,935원

찾아 주셔서 감사합니다.
즐거운 하루 되세요!

Memo

Ⅶ 언어와 논리

04 패리티 전략

05 서랍 원리

06 참말과 거짓말

언어와 논리

04 패리티 전략

개념학습 **패리티(Parity)**

① 짝수와 홀수는 다음과 같은 성질을 가지고 있습니다.

(짝수)+(짝수)=(짝수)　(짝수)+(홀수)=(홀수)　(홀수)+(홀수)=(짝수)

(짝수)−(짝수)=(짝수)　(짝수)−(홀수)=(홀수)　(홀수)−(홀수)=(짝수)

(짝수)×(짝수)=(짝수)　(짝수)×(홀수)=(짝수)　(홀수)×(홀수)=(홀수)

(홀수)+(홀수)+…+(홀수)=(홀수)　(홀수)+(홀수)+…+(홀수)=(짝수)

└─(홀수 개)─┘　└─(짝수 개)─┘

② 연속한 두 자연수의 합은 항상 홀수입니다.

③ 두 수의 합이 짝수이면 그 차도 짝수이고, 합이 홀수이면 그 차도 홀수입니다.

이러한 짝수, 홀수의 성질을 이용해 복잡한 문제를 간단하게 해결하는 것을 패리티(Parity)라고 합니다.

예제 다음 식의 계산 결과를 홀수 또는 짝수로 나타내시오.

(1) $1+2+3+\cdots+99+100$

(2) $50-49+48-47+46-45+\cdots-3+2-1$

강의노트

① (1) $1+2+3+\cdots+99+100$에서 짝수와 홀수는 각각 50개씩입니다.

② 짝수 50개의 합은 짝수이고, 홀수 50개의 합도 짝수이므로 계산 결과는 (짝수, 홀수)입니다.

③ (2) $50-49+48-47+46-45+\cdots-3+2-1$에는 연속하는 수가 모두 한 번씩 나오므로 짝수와 홀수가 각각 25번씩 나옵니다.

④ 짝수를 25번 더한 값은 짝수이고, 홀수를 25번 뺀 값은 홀수이므로 계산 결과는 (짝수, 홀수) 입니다.

유제 1에서 100까지의 수 중에서 짝수 전체의 합과 홀수 전체의 합의 차는 짝수입니까, 홀수입니까?

개념학습 패리티의 활용

다음은 카드, 동전, 컵의 뒤집는 횟수에 따라 바뀌는 모양을 나타낸 표입니다.

뒤집는 횟수 / 보이는면	처음	1번	2번	3번	4번	…
카드						…
동전		500		500		…
컵						…

홀수 번 뒤집으면 처음과 반대되는 모양이 되고, 짝수 번 뒤집으면 처음과 같은 모양이 됩니다.
이렇게 패리티는 복잡해 보이는 상황을 둘로 간단하게 나누어 시행착오의 과정을 줄여 주는 문제 해결 방법입니다.

예제 다음과 같이 세 장의 카드가 모두 앞면일 때, 카드를 한 번에 한 장씩 뒤집어서 17번 뒤집었더니 첫째 번 카드는 뒷면, 둘째 번 카드는 앞면이 되었습니다. 셋째 번 카드는 어떤 면이 보이겠습니까? (단, 어떤 카드를 몇 번 뒤집었는지는 알 수 없습니다.)

?

강의노트

① 다음은 카드 한 장을 뒤집는 횟수에 따라 보이는 면을 나타낸 것입니다.

뒤집는 횟수	처음	한 번	두 번	세 번	네 번	다섯 번
보이는 면	앞면	뒷면	앞면			

② 카드의 보이는 면은 뒤집는 횟수가 홀수 번인 경우에는 (앞면, 뒷면), 짝수 번인 경우에는 (앞면, 뒷면)입니다.

③ 따라서 첫째 번 카드는 뒷면이므로 (짝수, 홀수) 번 뒤집은 것이고, 둘째 번 카드는 앞면이므로 (짝수, 홀수) 번 뒤집은 것입니다.

④ 세 장의 카드를 뒤집은 횟수의 합이 17번이므로 (짝수, 홀수) 번이 되어야 합니다.
따라서 마지막 카드를 뒤집은 횟수는 (짝수, 홀수) 번이므로 보이는 면은 (앞면, 뒷면)입니다.

유형 04-1 도미노 깔기

왼쪽의 도미노 조각으로 오른쪽 격자판을 모두 덮을 수 있을 방법을 그림으로 나타내시오. 만약 불가능하다면 그 이유를 설명하시오.

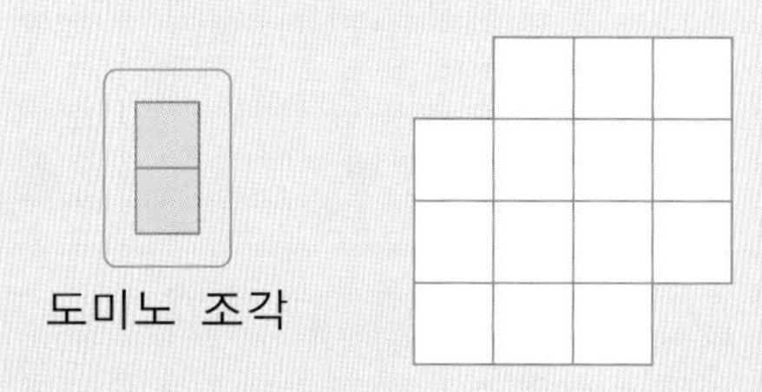

1 격자판을 흰색 칸과 검은색 칸이 번갈아 나오는 체스판 모양으로 색칠해 보시오. 흰색 칸과 검은색 칸의 개수는 각각 몇 개입니까?

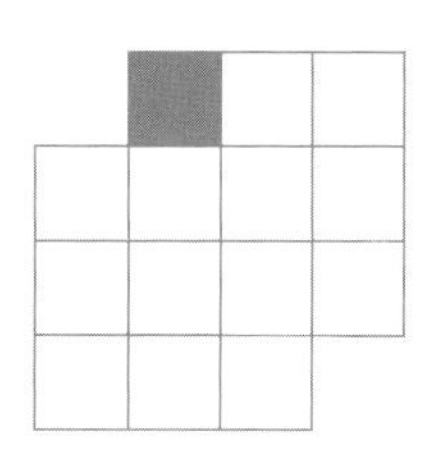

2 **1**에서 칠한 격자판 위에 도미노 조각을 한 개씩 올릴 때마다 흰색과 검은색 칸은 각각 몇 개씩 줄어듭니까?

3 도미노로 격자판을 모두 덮으려면 흰색 칸과 검은색 칸의 개수의 차가 얼마가 되어야 합니까?

4 위와 같은 모양의 격자판을 도미노로 모두 덮을 수 있습니까? 덮을 수 있다면 그 방법을 설명하고, 덮을 수 없다면 그 이유를 설명하시오.

확인문제

1 |보기|의 도미노를 이용하여 빈틈 없이 덮을 수 있는 격자판은 어느 것입니까?

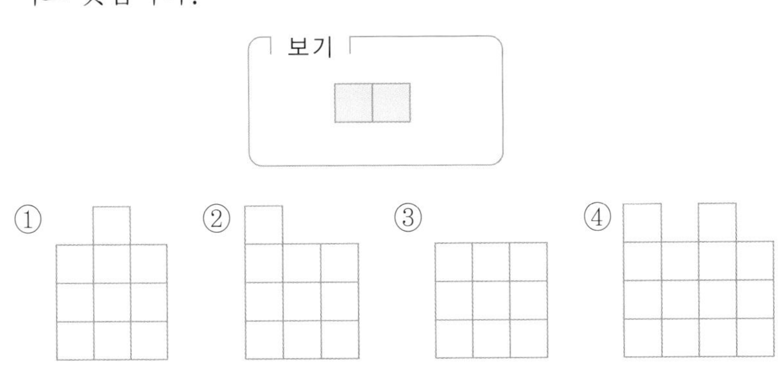

◦ Key Point

다음과 같이 격자판을 체스판 모양으로 색칠해보고, 검은색과 흰색 칸의 개수가 같은 것을 찾습니다.

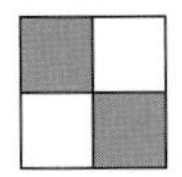

2 다음과 같이 배치된 자리에서 모든 학생들이 자리를 옮기려고 합니다. |보기|와 같이 지금 있는 자리의 바로 옆이나 바로 앞, 바로 뒤의 자리로만 옮길 수 있을 때, 학생들이 자리를 바꾸는 방법을 나타내시오. 만약 나타낼 수 없다면 그 이유를 설명하시오.

보기

A B C → D C F

D E F → A B E

A B C

D E F →

G H I

어떤 자리와 그 자리에서 옮겨갈 수 있는 자리를 서로 다른 색으로 칠해 봅니다.

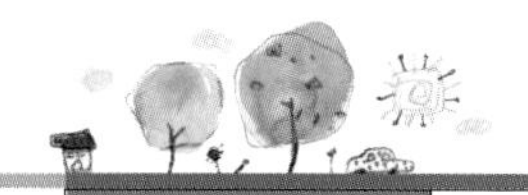

유형 04-2 점수 맞추기

지우가 퀴즈대회에 나갔습니다. 기본 점수는 10점이고, 맞으면 5점을 얻고, 틀리면 1점을 잃습니다. 20문제를 풀었다면 지우의 점수는 짝수입니까, 홀수입니까?

1 한 문제를 푼 후 지우의 점수는 짝수입니까, 홀수입니까?

2 두 문제, 세 문제를 푼 후 지우의 점수는 각각 짝수인지 홀수인지 구하시오.

3 한 문제씩 풀 때마다 지우의 점수가 어떻게 달라지는지 표로 나타내시오.

문제	한 문제	두 문제	세 문제	네 문제	다섯 문제	…
점수	(홀수, 짝수)	(홀수, 짝수)	(홀수, 짝수)	(홀수, 짝수)	(홀수, 짝수)	…

4 20문제를 풀었을 때, 지우의 점수는 짝수입니까, 홀수입니까?

확인문제

◦ Key Point

7번 쏘았을 때의 점수가 홀수인지 짝수인지 알아봅니다.

1 다음과 같은 과녁에 화살을 쏘아 7번 맞혔을 때, 점수의 합이 될 수 있는 것을 고르시오.

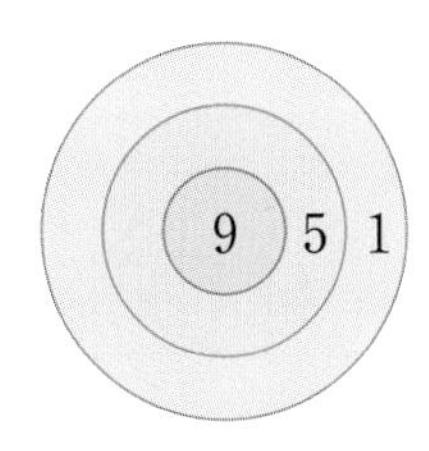

① 5점　② 20점　③ 47점
④ 50점　⑤ 65점

홀수 3개를 더하거나 뺐을 때의 계산 결과가 홀수인지 짝수인지 생각해 봅니다.

2 다음 ○ 안에 + 또는 −를 넣어 올바른 식을 만들어 보시오. 만들 수 없다면 그 이유를 설명하시오.

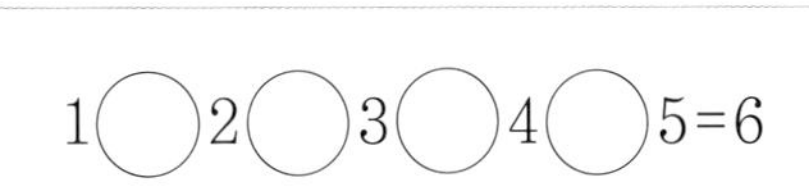

창의사고력 다지기

1 다음 그림과 같이 타일로 바닥을 깔려고 합니다. 바닥에 타일을 최대한 많이 깔았을 때 A, B, C, D, E 중에서 타일이 반드시 깔리는 곳을 쓰시오.(단, 타일은 서로 겹치거나 잘라 붙일 수 없습니다.)

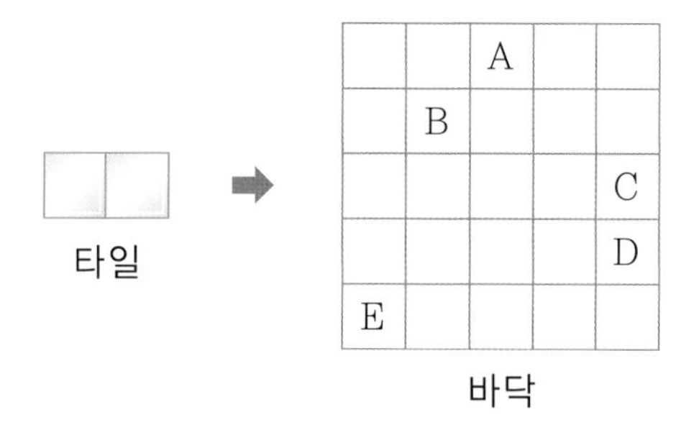

2 앞면에는 0, 뒷면에는 1이 쓰인 숫자 카드가 각각 한 장씩 있습니다. 처음에는 0과 1이 보이도록 놓고, 한 번에 한 장씩 뒤집기를 20번 했습니다. 이 때, 보이는 두 면의 수의 합을 구하고, 그 이유를 설명하시오.

0	1
(앞면)	(뒷면)

3 인호가 퀴즈 대회에 나갔습니다. 이 퀴즈 대회의 기본 점수는 20점이고, 맞히면 5점을 얻고, 틀리면 3점을 잃는다고 합니다. 총 15문제를 풀었다면 인호의 점수는 홀수입니까, 짝수입니까?

4 주희네 반 학생들이 서로 돌아가며 악수를 합니다. 악수를 홀수 번 한 학생의 수는 홀수입니까, 짝수입니까?

05 서랍 원리

개념학습 운이 가장 나쁜 경우와 운이 가장 좋은 경우

두 종류의 양말이 들어 있는 서랍에서 서랍 안을 보지 않고 같은 색깔의 양말 2개를 꺼내려고 합니다. 운이 좋은 경우와 그렇지 않은 경우 꺼내야 하는 양말의 개수를 그림으로 나타내면 다음과 같습니다.

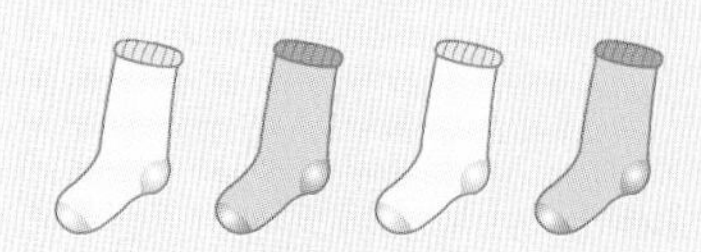

① 운이 좋은 경우

첫째 번	둘째 번

또는

첫째 번	둘째 번

② 운이 나쁜 경우

첫째 번	둘째 번	셋째 번

또는

첫째 번	둘째 번	셋째 번

따라서 반드시 같은 색깔의 양말 2개를 꺼내려면 양말을 적어도 3개 꺼내야 합니다.

예제 서랍 안에 빨간색, 노란색, 파란색의 세 종류의 양말이 여러 개 있습니다. 서랍 안을 보지 않고 양말을 꺼낼 때, 반드시 같은 색깔의 양말이 2개 나오기 위해서 꺼내야 하는 양말의 개수는 적어도 몇 개입니까?

강의노트

① 색깔이 같은 양말 2개를 꺼내려고 할 때, 운이 나쁜 경우는 빨간색, 노란색, 파란색 양말을 각각 ☐개씩 꺼내는 경우입니다. 이 때, 꺼내는 양말의 개수는 1 + 1 + 1 = ☐(개)입니다.

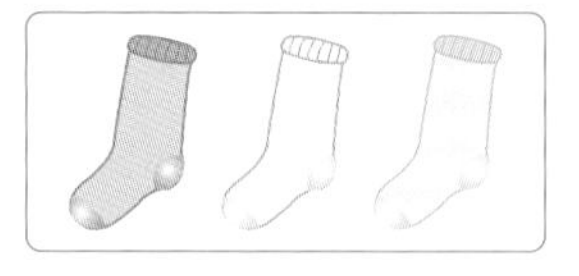

② ①과 같이 운이 나쁜 상황에서 ☐개의 양말을 더 꺼내면 어떤 경우에도 같은 색깔의 양말이 반드시 ☐개는 있게 됩니다.

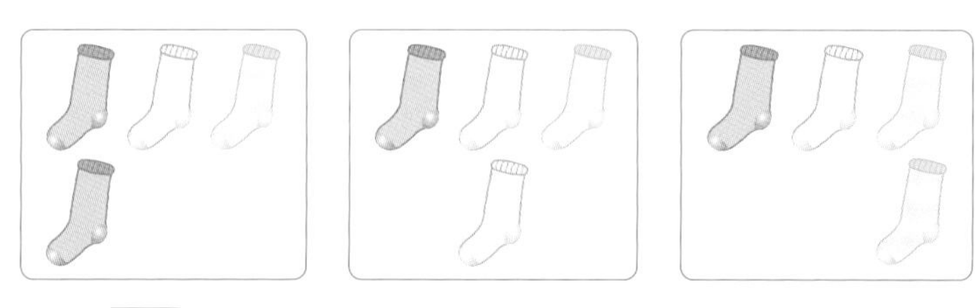

③ 따라서 적어도 3 +1 = ☐(개)의 양말을 꺼내면 같은 색깔의 양말이 반드시 2개는 나오게 됩니다.

개념학습 비둘기집의 원리

① 3마리의 비둘기가 2개의 비둘기집에 모두 들어가는 경우에 적어도 하나의 집에는 반드시 2마리 이상의 비둘기가 있습니다.

② 4마리의 비둘기가 3개의 비둘기집에 모두 들어가는 경우 적어도 하나의 집에는 반드시 2마리 이상의 비둘기가 있습니다.

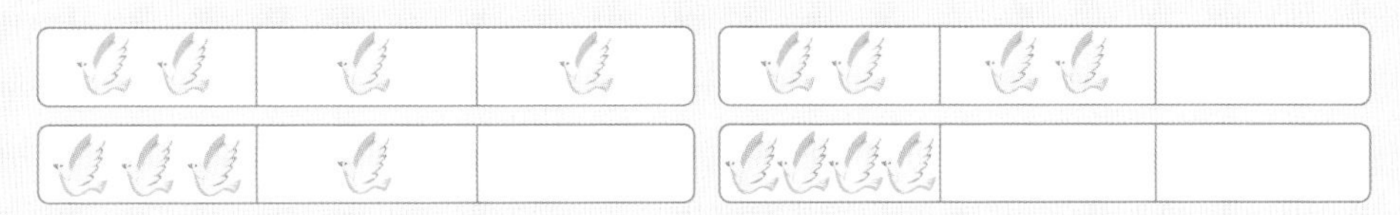

(□+1)마리의 비둘기가 □개의 비둘기집에 들어간다고 할 때, 적어도 하나의 집에는 2마리 이상의 비둘기가 있습니다. 이것을 비둘기집의 원리(pigeonhole principle)라고 합니다.

예제 7마리의 비둘기가 A, B, C 3개의 비둘기집에 차례대로 한 마리씩 모두 들어갈 때, 적어도 하나의 집에는 반드시 몇 마리 이상의 비둘기가 들어갑니까?

A B C

강의노트

① 비둘기 3마리가 A, B, C 3개의 비둘기집에 차례대로 들어갑니다. 이 때, 비둘기집에는 각각 □마리의 비둘기가 있습니다.

A B C

② 다시 3마리의 비둘기가 차례대로 들어가면 비둘기집에는 각각 □마리의 비둘기가 있습니다.

A B C

③ 이 때, 마지막에 남아 있던 비둘기 1마리가 A, B, C 중 하나의 집에 들어가게 되면 적어도 하나의 집에는 반드시 □마리 이상의 비둘기가 들어가게 됩니다.

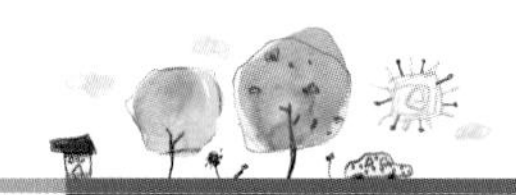

유형 05-1 같은 색깔의 양말 꺼내기

서랍 속에 빨간색과 파란색의 두 종류의 양말이 있습니다. 서랍 속을 보지 않고 양말을 꺼낸다고 할 때, 양말 2켤레를 꺼내려면 적어도 몇 개의 양말을 꺼내야 합니까? (단, 같은 색깔의 양말 2개를 1켤레라 하고, 2켤레가 반드시 같은 색깔일 필요는 없습니다.)

… …

1 다음 표를 완성하여 색깔이 같은 양말을 1켤레 꺼낼 때, 운이 가장 나쁜 경우에는 몇 개의 양말을 꺼내야 합니까?

순서	첫째 번	둘째 번	셋째 번	넷째 번	…
꺼낸 양말 색깔	빨간색				…

2 3개의 양말로 색깔이 같은 양말 1켤레를 만들면 1개의 양말이 남습니다. 다음 표를 완성하여 운이 가장 나쁠 경우에는 몇 개의 양말을 더 꺼내야 반드시 같은 색깔의 양말 1켤레를 더 만들 수 있는지 다음 표를 완성하여 구하시오.

순서	첫째 번	둘째 번	셋째 번	넷째 번	다섯째 번	여섯째 번	…
꺼낸 양말 색깔	빨간색						…

3 양말 2켤레를 꺼내려면 적어도 몇 개의 양말을 꺼내야 합니까?

확인문제

◦ Key Point

가장 운이 나쁜 경우를 생각해 봅니다.

1 서랍 안에 파란색, 노란색, 초록색 양말이 들어 있습니다. 서랍 안을 보지 않고 반드시 같은 색깔의 양말 2켤레를 꺼내려면 적어도 몇 개의 양말을 꺼내야 합니까? (단, 같은 색깔의 양말 2개를 1켤레라고 합니다.)

구슬을 꺼낼 때 가장 운이 나쁜 경우를 생각합니다.

2 다음 그림과 같이 상자 안에 빨간색, 파란색, 보라색의 구슬이 들어 있습니다. 상자 안을 보지 않고 구슬을 꺼낼 때, 같은 색의 구슬을 3개 꺼내려면 적어도 몇 개의 구슬을 꺼내야 합니까?

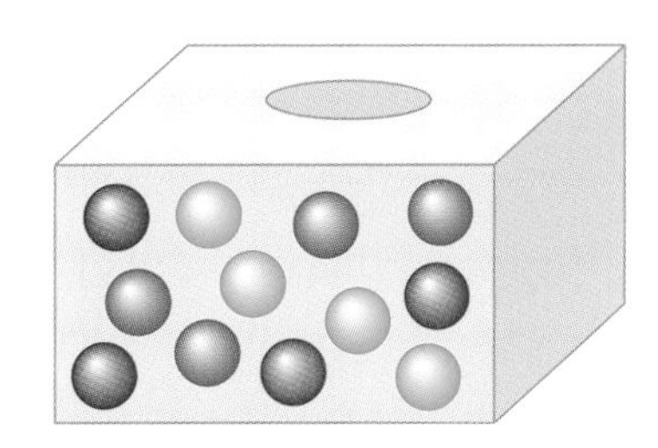

유형 05-2 생일이 같은 사람의 수

민정이는 생일이 같은 요일인 학생들이 반드시 3명 있도록 모둠을 만들려고 합니다. 모둠에는 적어도 몇 명의 학생이 있어야 합니까?

1 생일이 같은 요일인 학생들이 반드시 2명이 있으려면 몇 명의 학생들을 뽑아야 하는지 가장 운이 나쁜 경우를 생각하여 다음 표에 ◯로 나타내시오.

월요일	화요일	수요일	목요일	금요일	토요일	일요일

2 적어도 몇 명의 학생이 있어야 생일이 같은 요일인 학생들이 반드시 2명 있습니까?

3 생일이 같은 요일인 학생들이 반드시 3명이 있으려면 몇 명의 학생들이 있어야 하는지 가장 운이 나쁜 경우를 생각하여 다음 표에 ◯로 나타내시오.

월요일	화요일	수요일	목요일	금요일	토요일	일요일

4 적어도 몇 명의 학생들이 있어야 생일이 같은 요일인 학생들이 반드시 3명 있습니까?

◦ Key Point

1 형진이는 생일이 같은 달인 친구가 반드시 2명이 되도록 친구를 사귀려고 합니다. 형진이는 적어도 몇 명의 친구를 사귀어야 합니까?

가장 운이 나쁜 경우를 생각합니다.

2 어느 제과점에서 일주일 중에 4개보다 많은 케이크를 판 요일이 반드시 하루는 있도록 하려고 합니다. 일주일 동안 적어도 몇 개의 케이크를 팔아야 합니까?

비둘기집의 원리를 생각합니다.

창의사고력 다지기

1 다음은 현수네 반 학생들의 띠를 조사한 표입니다.

띠	쥐	소	호랑이	토끼	용	뱀
학생 수(명)	2	1	3	1	4	1
띠	말	양	원숭이	닭	개	돼지
학생 수(명)	1	3	2	1	1	3

어떤 방법으로 뽑더라도 같은 띠를 가진 학생이 반드시 2명이 되려면 적어도 몇 명의 학생을 뽑아야 합니까?

2 지성이가 그림과 같은 세 개의 바구니에 화살을 던집니다. 화살이 3개 들어간 바구니가 반드시 있기 위해서 적어도 몇 개의 화살이 필요합니까? (단, 지성이가 던지는 화살은 모두 바구니로 들어간다고 생각합니다.)

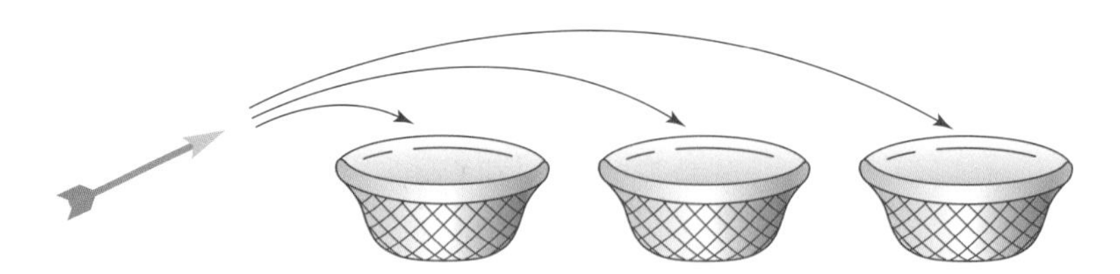

3 분필통에 빨간색, 파란색, 노란색, 흰색의 분필이 각각 3개씩 들어 있습니다. 반드시 3가지 색의 분필을 꺼내려면 적어도 몇 개의 분필을 꺼내야 합니까?

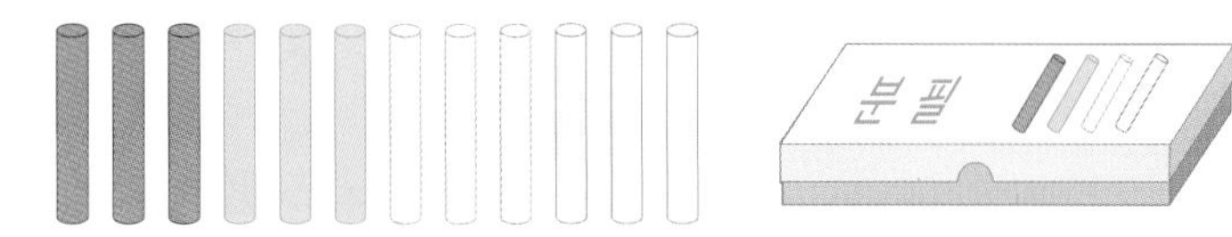

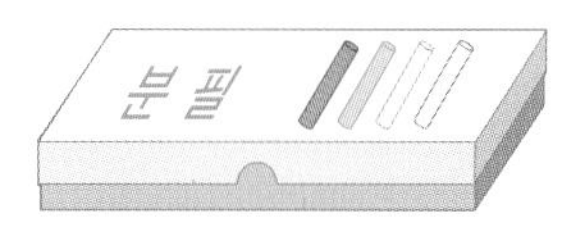

4 다음 마술사의 말과 같이 카드를 꺼내려면 적어도 몇 장의 카드를 꺼내야 합니까?

> 마술 상자 안에 ♠, ♥, ♣, ◆ 모양이 그려진 네 종류의 카드가 각각 5장, 4장, 5장, 3장씩 있습니다. 마술 상자 안을 보지 않고 모든 종류의 카드를 2장씩 꺼내려면 적어도 몇 장의 카드를 꺼내야 합니까?

06 참말과 거짓말

개념학습 **역설(paradox)**

"나는 지금 거짓말을 하고 있다."라고 말했다고 할 때,
이 말이 참말이라면 나는 지금 거짓말을 하고 있다는 것이 맞으므로 논리적으로 맞지 않게 됩니다.
또한 이 말이 거짓말이라면 나는 지금 거짓말을 하고 있다는 것이 거짓말이 되어 참말을 하는 것이므로 역시 논리적으로 맞지 않게 됩니다.
이와 같이 모순되는 말을 역설(paradox)이라고 합니다. 에우불리데스가 던진 이 질문은 가장 유명한 역설 중 하나인 거짓말쟁이의 역설(liar paradox)입니다.

예제 어느 섬에서 문명인이 그 섬에 살고 있는 원시 부족 세 사람을 만났습니다. 이 세 사람 중 한 사람은 항상 참말만 하는 참말족 사람이고, 나머지 두 사람은 항상 거짓말만 하는 거짓말족 사람이라고 합니다. 다음 대화를 보고 원주민 청년, 노인, 소녀 중에서 참말족인 사람은 누구인지 말해보시오.

문명인 : 소녀는 참말족 사람입니까?
청년 : 네, 소녀는 참말족 사람입니다.
노인 : 아니오, 소녀는 거짓말족 사람입니다.
문명인 : 그렇다면 청년과 노인은 어느 부족 사람입니까?
소녀 : 청년과 노인은 둘 다 같은 부족 사람입니다.

강의노트

① 청년이 참말족 사람일 경우 청년이 말한 '소녀는 참말족 사람입니다.' 라는 말이 (참말, 거짓말) 인데, 그렇게 되면 (참말족, 거짓말족) 사람이 청년, 소녀 두 명이 되므로 논리적으로 (맞습니다, 맞지 않습니다.)

② 노인이 참말족 사람일 경우 노인이 말한 '소녀는 거짓말족 사람입니다.' 라는 말이 (참말, 거짓말) 이 됩니다. 그리고 청년이 말한 '소녀는 참말족 사람입니다.' 는 (거짓말, 참말)이므로 소녀는 (거짓말족, 참말족) 사람이 됩니다. 소녀가 말한 '둘 다(청년과 노인) 같은 부족 사람입니다' 역시 거짓이 맞으므로 노인이 참말족 사람일 경우는 논리적으로 (맞습니다, 맞지 않습니다.)

③ 따라서 참말족인 사람은 [ ] 입니다.

개념학습 가정하여 풀기

① 가정하여 풀기는 어떤 주장을 참 또는 거짓이라고 가정하고 논리적으로 모순이 있는지 알아보는 방법입니다.

② 먼저 가정을 하고, 그 가정에서 출발하여 각각의 조건을 검토하여 마지막 결론을 얻습니다. 만약 서로 모순된 결론을 얻는다면 또 다시 다른 가정을 해서 참인 결론을 얻을 때까지 반복합니다.

예제 4명의 아이들 중 한 명이 유리창을 깼는데 서로 잘못이 없다고 합니다. 이 중 한 명만이 참말을 한다면 유리창을 깬 사람은 누구입니까?

> 현아 : 희영이가 유리창을 깬 걸 제가 봤어요.
> 희영 : 시후가 유리창을 깼어요.
> 시후 : 현아의 말은 거짓말이예요.
> 승준 : 전 유리창을 깨지 않았어요.

강의노트

① 현아, 희영, 시후가 유리창을 깬 범인이라고 가정할 경우 각자 한 말이 참이면 ○표, 거짓이면 ×표를 하고, 한 명만이 참말을 한다는 것에 모순이 없는지 알아봅니다.

범인인 학생	현아의 말	희영의 말	시후의 말	승준의 말	결론
현아	×	×	○	○	모순
희영					
시후					

현아, 희영, 시후가 유리창을 깬 범인이라고 가정할 경우 참말을 한 사람이 두 명 이상이 되므로 논리적으로 맞지 않습니다.

② 승준이가 유리창을 깬 범인이라고 가정할 경우 현아, 희영, 시후, 승준이 한 말이 참이면 ○, 거짓이면 ×를 하고 논리적으로 모순이 없는지 알아봅시다.

범인인 학생	현아의 말	희영의 말	시후의 말	승준의 말	결론
승준					모순 없음

승준이가 유리창을 깬 범인이라고 가정할 경우, 시후의 말은 ☐이고, 나머지 세 사람의 말은 ☐이므로 논리적으로 모순이 없습니다.

③ 따라서 유리창을 깬 사람은 ☐(이)입니다.

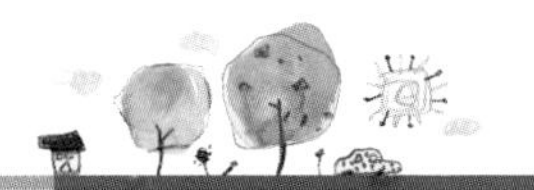

유형 06-1 도박사

올림픽 테니스 경기에 프랑스, 중국, 한국, 이탈리아가 4강에 진출하였다고 합니다. 진희, 영철, 승호가 각각 경기 결과를 예상하였는데, 각각의 예상이 1가지씩만 맞았다고 할 때, 네 팀의 순위를 구하시오.

진희 : 이탈리아 1등, 한국 2등
영철 : 프랑스 1등, 중국 3등
승호 : 중국 2등, 한국 4등

1 진희가 예상한 것 중에서 한국이 2등이라고 한 것이 맞았다고 가정하여 표를 완성하시오. 가정한 것이 맞습니까? 맞지 않는다면 그 이유를 설명하시오.

순위 \ 나라	프랑스	중국	한국	이탈리아
1등				
2등				
3등				
4등				

2 진희가 예상한 것 중에서 이탈리아가 1등이라고 한 것이 맞았다고 가정하여 표를 완성하시오.

순위 \ 나라	프랑스	중국	한국	이탈리아
1등				
2등				
3등				
4등				

3 네 팀의 순위를 말해 보시오.

확인문제

1 세 사람이 다음과 같이 말할 때 각각의 사람은 2가지 중 한 가지의 말만 참이라고 합니다. 이 때 가, 나, 다의 등수를 말해 보시오.

> ① 가는 3등이고, 다는 1등입니다.
> ② 가는 1등이고, 나는 3등입니다.
> ③ 나는 3등이고, 다는 2등입니다.

Key Point

가가 3등인 것이 참인 경우와 다가 1등인 것이 참인 경우로 나누어 생각해 봅니다.

2 지선, 성한, 은경, 동은이는 모두 다른 학년입니다.

> • 은경이는 지선이가 2학년, 성한이가 3학년이라고 말합니다.
> • 동은이는 은경이가 4학년, 성한이가 2학년이라고 말합니다.
> • 지선이는 동은이가 2학년, 은경이가 3학년이라고 말합니다.
> • 성한이는 동은이가 4학년, 지선이가 1학년이라고 말합니다.

4명이 모두 한 가지씩만 맞게 말했다면, 은경이는 몇 학년입니까?

① 지선이가 2학년이 맞고, 성한이가 3학년이 아닌 경우를 가정하여 봅니다.
② 지선이가 2학년이 아니고, 성한이가 3학년인 경우를 가정하여 봅니다.

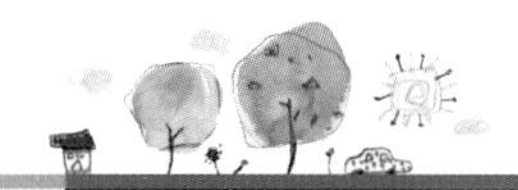

유형 06-2 안내문

지현이는 보물을 찾으러 가는 도중에 세 갈래의 길을 만났는데 각 길에는 다음과 같은 안내문이 있었습니다. 보물을 찾을 수 있는 길은 한 가지이고, 3개의 안내문 중 1개의 안내문만 참이라고 할 때, 보물을 찾을 수 있는 길은 어느 길입니까?

> A 길 안내문 : B 길로 가면 보물을 찾을 수 없습니다.
> B 길 안내문 : C 길로 가면 보물을 찾을 수 없습니다.
> C 길 안내문 : A 길, B 길 모두 보물을 찾을 수 없습니다.

1 A 길에 보물이 있다고 가정할 때, 각 안내문의 글이 참이면 ○표, 거짓이면 ×표 하시오.

	A 길 안내문	B 길 안내문	C 길 안내문
A 길에 보물이 있음			

2 B 길에 보물이 있다고 가정할 때, 참이면 ○표, 거짓이면 ×표 하시오.

	A 길 안내문	B 길 안내문	C 길 안내문
B 길에 보물이 있음			

3 C 길에 보물이 있다고 가정할 때, 참이면 ○표, 거짓이면 ×표 하시오.

	A 길 안내문	B 길 안내문	C 길 안내문
C 길에 보물이 있음			

4 A, B, C 길 중에서 보물을 찾을 수 있는 것은 어느 길입니까?

확인문제

◦ Key Point

가, 나, 다의 각각의 상자에 금화가 있다고 가정하여, 하나의 상자에 쓰인 말이 참인 경우를 찾아봅니다.

1 가, 나, 다 3개의 상자 중에서 어느 한 상자에만 금화가 들어 있습니다. 3개의 상자에는 다음과 같은 글이 쓰여져 있습니다.

하나의 상자에 쓰인 말만 참일 때, 금화는 어느 상자에 들어 있습니까?

민희, 준수, 지원, 은혜가 각각 100점을 맞았다고 가정했을 때, 1명만 참말을 한 경우를 찾아봅니다.

2 민희, 준수, 지원, 은혜 4명의 학생 중에서 1명의 수학 점수가 100점입니다. 4명이 다음과 같이 말했고 4명 중에서 1명만 참말을 하였다면 100점을 맞은 사람은 누구입니까?

민희 : 준수가 100점을 받았어요.
준수 : 100점을 맞은 사람은 은혜예요.
지원 : 난 100점을 받지 못했어요.
은혜 : 준수는 내가 100점을 맞았다고 하는데 그건 거짓말이에요.

창의사고력 다지기

1 성원이는 월, 수, 금요일에는 거짓말을 하고, 다른 날에는 참말을 합니다. 지희는 화, 목, 토요일에는 거짓말을 하고, 다른 날에는 참말을 합니다.
어느 날 성원이는 "어제는 일요일이었어."라고 말했고, 지희는 "내일은 토요일이네."라고 말했다면 오늘은 무슨 요일입니까?

2 다음과 같이 참말 또는 거짓말인 5개의 문장이 쓰여 있습니다. 이 중에서 참말인 문장은 어느 것입니까?

> ㉠ 5개의 문장 중에서 1개의 문장만 거짓입니다.
> ㉡ 5개의 문장 중에서 2개의 문장만 거짓입니다.
> ㉢ 5개의 문장 중에서 3개의 문장만 거짓입니다.
> ㉣ 5개의 문장 중에서 4개의 문장만 거짓입니다.
> ㉤ 5개의 문장 모두 거짓입니다.

3 가, 나, 다, 라 네 개의 방에 있는 사람들 중 세 명은 거짓말을 하고 있습니다. 사자는 네 개의 방 중 어디에 있습니까?

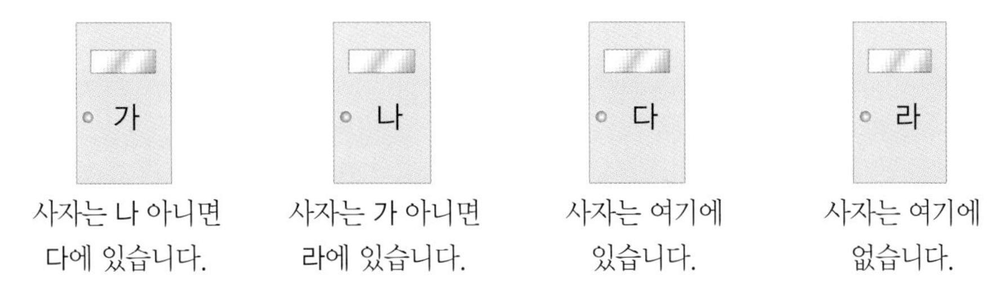

4 어떤 섬에 살고 있는 사람들은 항상 참말만 하는 참말족과 항상 거짓말만 하는 거짓말족만 삽니다. 이 섬에 살고 있는 한 사람이 다른 사람에게 "적어도 우리들 중 한 사람은 거짓말족입니다."라고 말하였습니다. 이 말을 한 사람은 참말족입니까, 거짓말족입니까?

Memo

Ⅷ 도형

07 점을 이어 만든 도형

08 도형 붙이기와 나누기

09 색종이 접기

도형

07 점을 이어 만든 도형

개념학습 점을 이어 만든 도형

다음과 같이 일정한 간격으로 16개의 점이 찍힌 점판에 크기가 서로 다른 정사각형을 모두 5가지 그릴 수 있습니다.

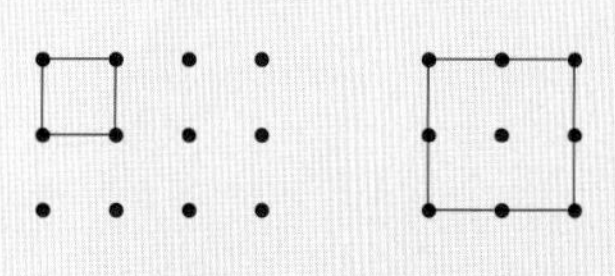 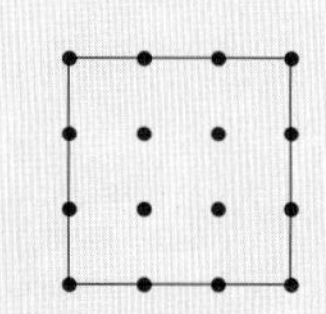 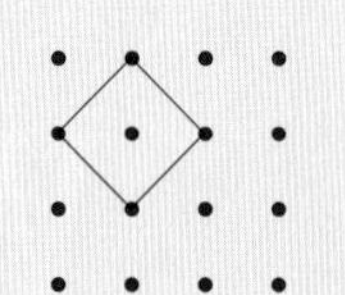 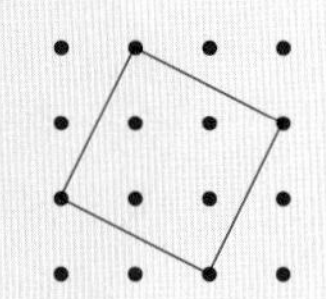

예제 다음 점판 위의 점을 연결하여 넓이가 서로 다른 정삼각형을 모두 몇 가지 그릴 수 있습니까?

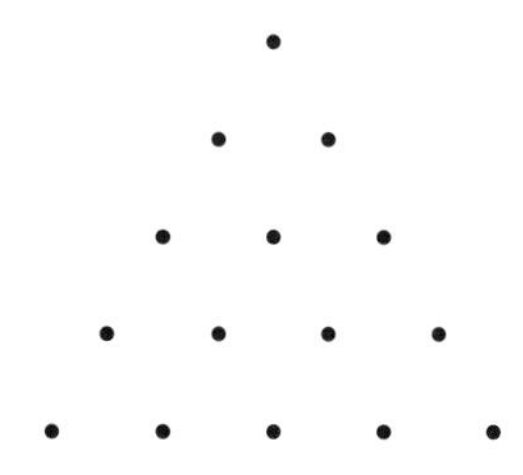

강의노트

① 주어진 선분을 한 변으로 하는 정삼각형을 그려 봅니다.

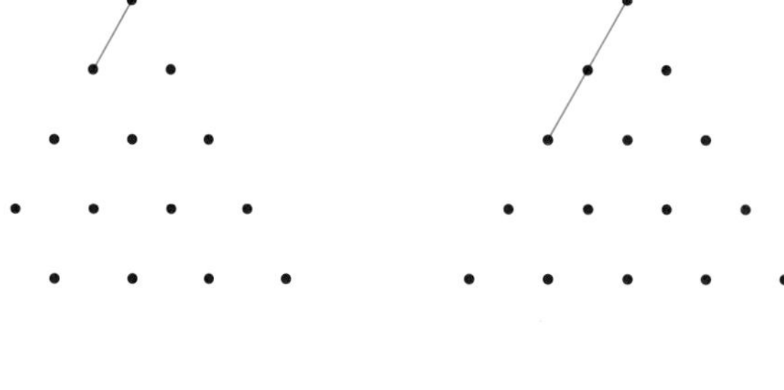 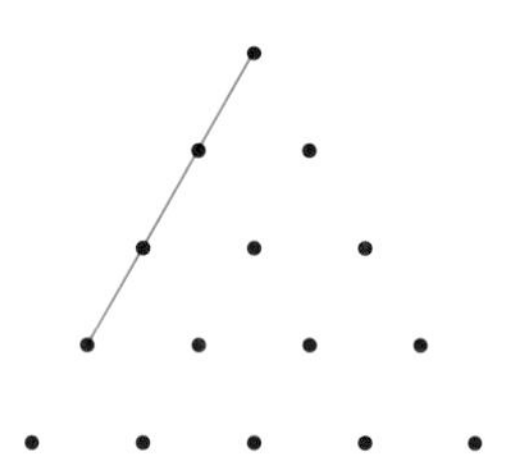

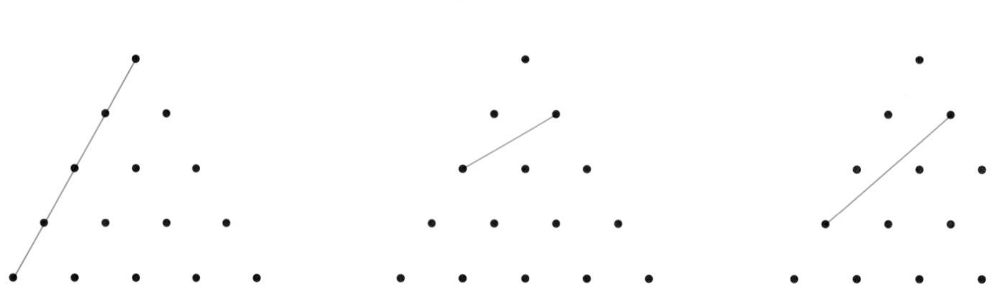

② 따라서 점판 위에 넓이가 서로 다른 정삼각형은 모두 ☐가지 그릴 수 있습니다.

개념학습 점을 이어 만든 도형의 넓이

일정한 간격으로 찍힌 점을 이어 만든 도형의 넓이는 도형의 둘레 위의 점과 도형 내부의 점의 개수를 알면 구할 수 있습니다.

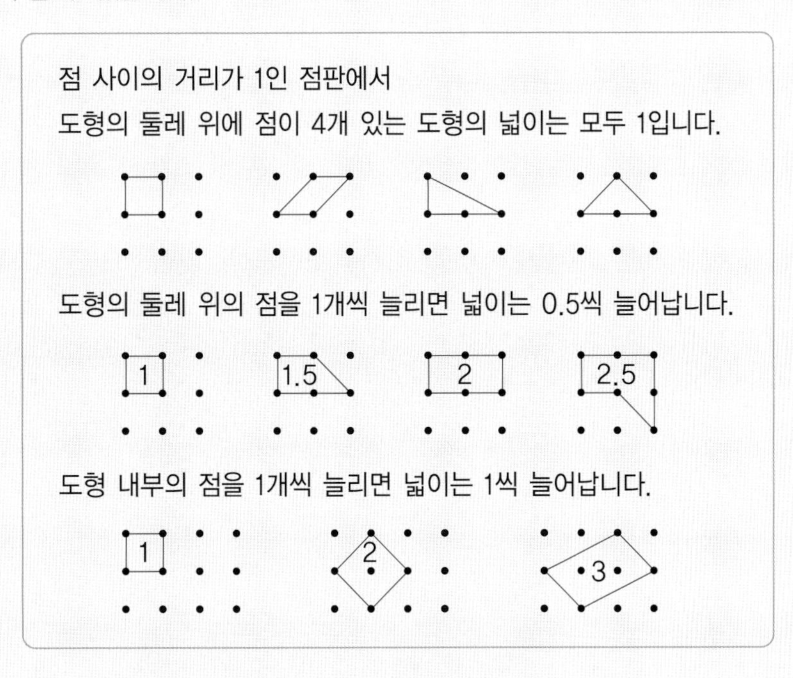

따라서 점 사이의 거리가 1인 점판 위에 그려진 도형의 넓이는
(도형의 둘레 위의 점의 개수)÷2+(도형의 내부의 점의 개수)−1입니다.
이와 같은 정리를 픽(pick)의 정리라고 합니다.

예제 점과 점 사이의 거리가 1인 점판이 있습니다. 색칠한 도형 가와 나의 넓이를 각각 구하시오.

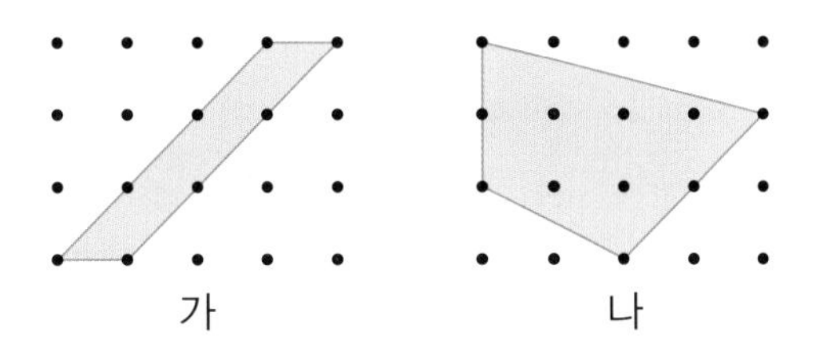

강의노트

① 가 도형의 둘레 위의 점의 개수는 8개이고, 도형 내부의 점의 개수는 □개입니다.

② 픽(pick)의 정리를 이용하면 8÷2−1=□이므로 가 도형의 넓이는 □입니다.

③ 나 도형의 둘레 위의 점의 개수는 □개이고, 도형 내부의 점의 개수는 □개입니다.

④ 픽(pick)의 정리를 이용하면 □÷2+□−1=□이므로 나 도형의 넓이는 □입니다.

유형 07-1 점을 이어 만든 도형의 개수

25개의 점이 일정한 간격으로 찍혀 있는 점판이 있습니다. 이 점판의 네 점을 꼭짓점으로 하여 만들 수 있는 서로 다른 모양의 직사각형은 모두 몇 가지입니까? (단, 돌리거나 뒤집어서 같은 모양은 하나로 생각합니다.)

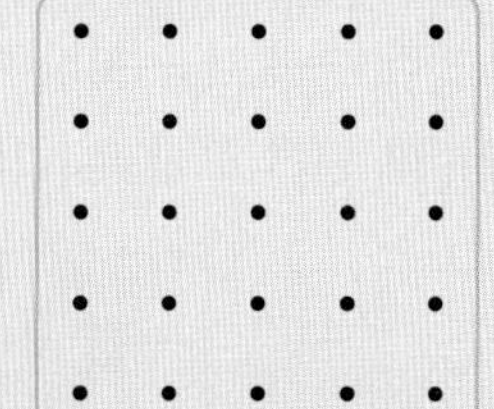

1 주어진 선분을 한 변으로 하는 서로 다른 직사각형을 모두 찾아 그리고, 그 개수를 쓰시오.

1 다음과 같이 일정한 간격으로 떨어져 있는 9개의 점이 있습니다. 이 점들을 연결하여 만들 수 있는 서로 다른 모양의 이등변삼각형을 모두 그리시오. (단, 돌리거나 뒤집어서 같은 모양은 하나로 생각합니다.)

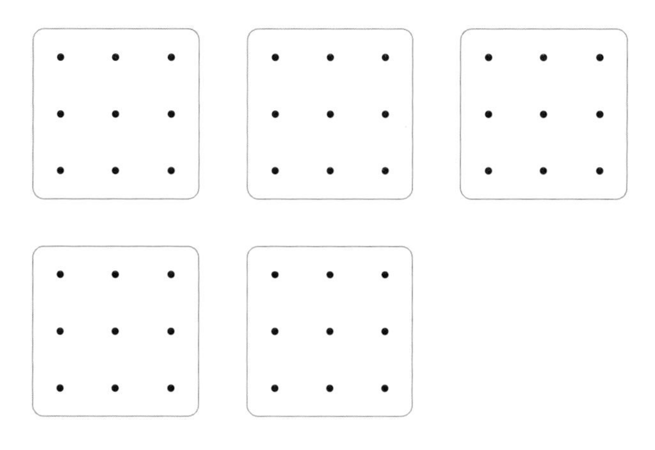

◦ Key Point

밑변의 길이를 다르게 하여 이등변삼각형을 찾아봅니다.

2 원 위에 점 사이의 간격이 일정하게 5개의 점이 찍혀 있습니다. 이 점들을 꼭짓점으로 하는 삼각형은 모두 몇 개 그릴 수 있습니까?

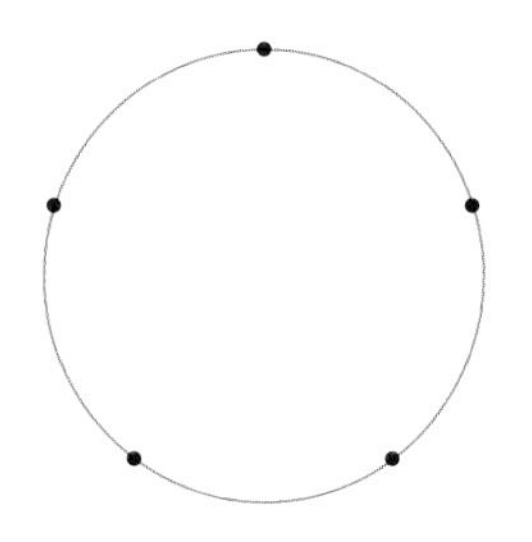

다음과 같은 선분을 한 변으로 하는 삼각형의 개수를 알아봅니다.

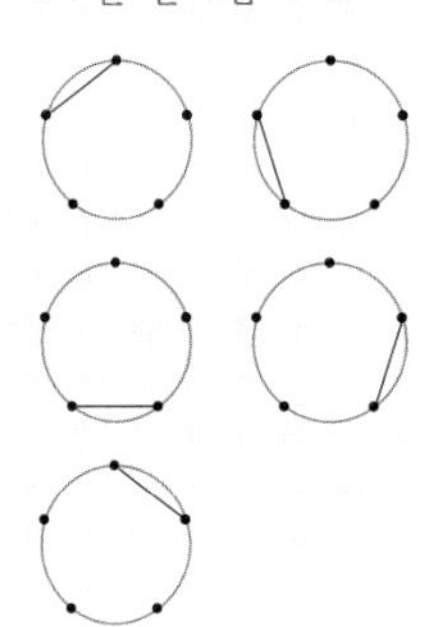

유형 07-2 넓이가 일정한 도형 그리기

점 사이의 간격이 1로 일정한 점판 위에 선을 그어 넓이가 2인 도형을 가능한 많이 그리시오. (단, 돌리거나 뒤집어서 같은 모양은 하나로 생각합니다.)

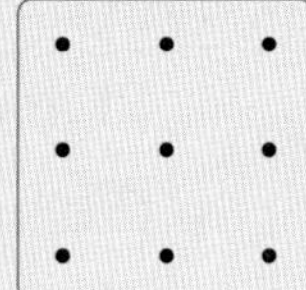

1 둘레 위의 점이 6개이고 내부에 점이 없는 도형의 넓이는 2입니다. 이와 같은 도형을 가능한 많이 그리시오.

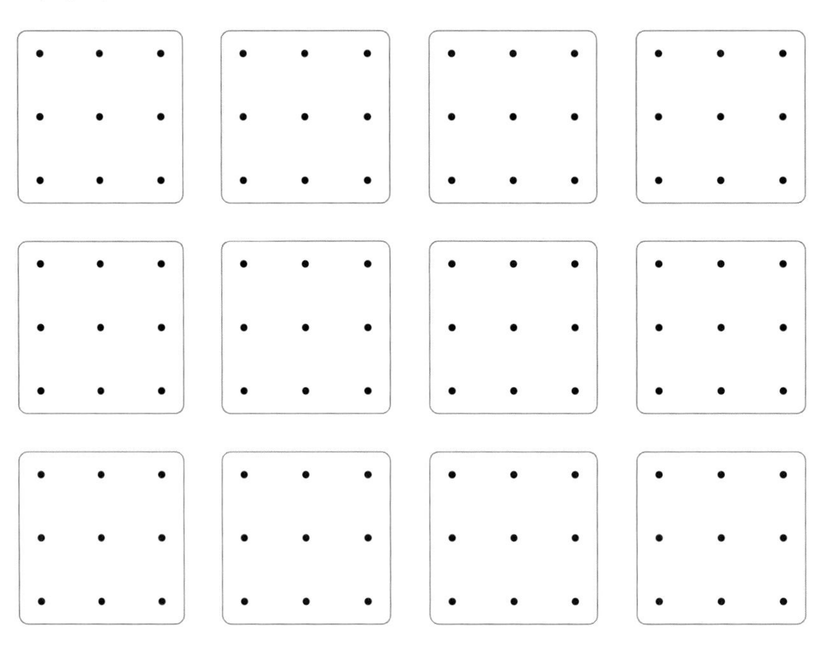

2 둘레 위의 점이 4개이고 내부에 점이 1개 있는 도형의 넓이는 2입니다. 이와 같은 도형을 가능한 많이 그리시오.

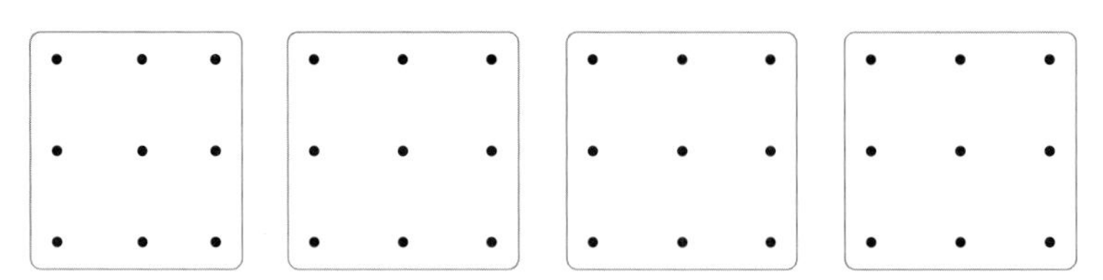

확인문제

1 점 사이의 간격이 1로 일정한 점판이 있습니다. 이 점들을 이어 넓이가 1인 도형을 가능한 많이 찾아 그리시오. (단, 돌리거나 뒤집어서 같은 모양은 하나로 생각합니다.)

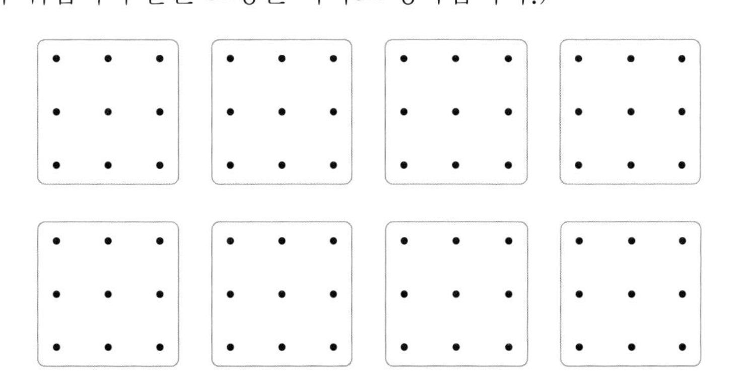

◦ Key Point

둘레 위의 점이 4개인 도형의 넓이는 1입니다.

2 다음 도형 중 넓이가 가장 넓은 도형은 어느 것입니까?

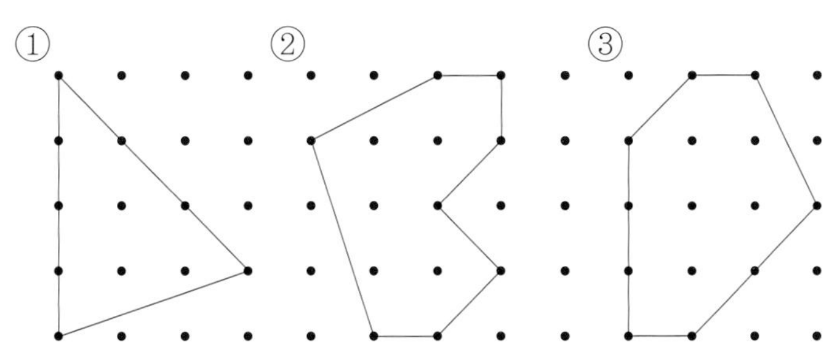

도형 둘레 위의 점의 수와 내부에 있는 점의 수를 세어 서로 비교해 봅니다.

창의사고력 다지기

1 | 보기 |는 각 꼭짓점에 써 있는 수의 합이 목표수가 되도록 4개의 점을 연결하여 정사각형을 그린 것입니다. 각 꼭짓점에 쓰인 수의 합이 34가 되도록 4개의 점을 연결하여 서로 다른 모양의 정사각형 4개를 그리시오.

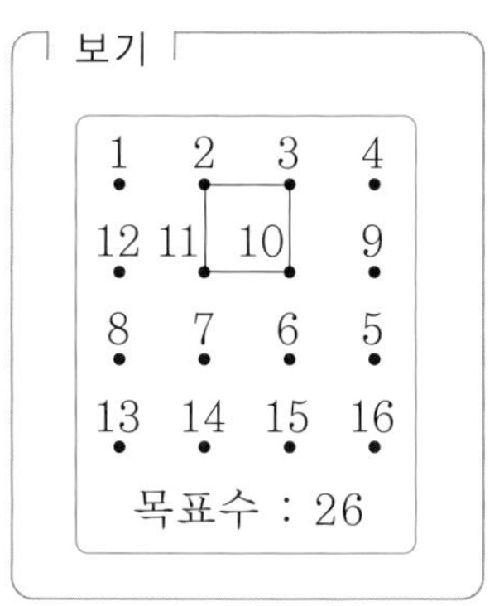

1	2	3	4
12	11	10	9
8	7	6	5
13	14	15	16

목표수 : 34

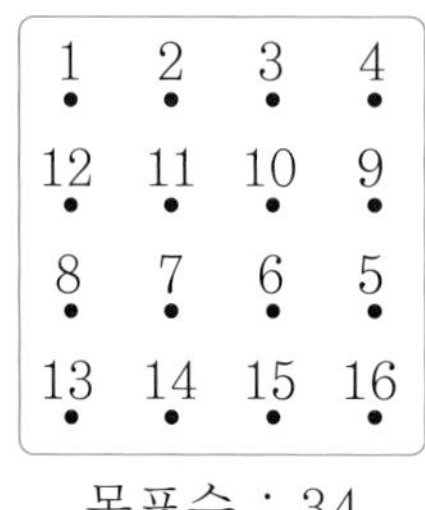

목표수 : 34

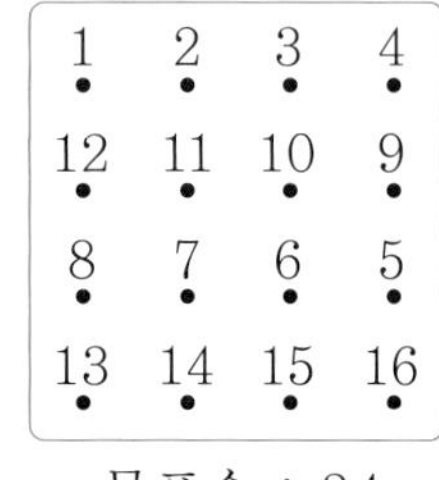

목표수 : 34

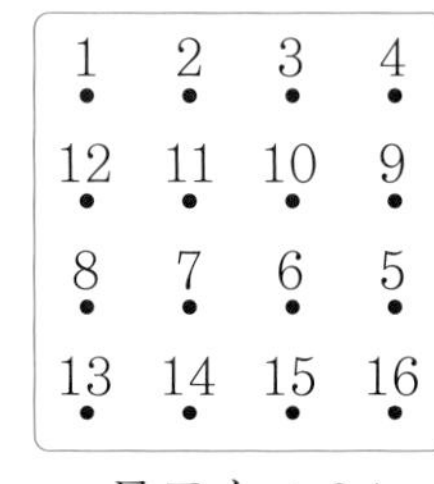

목표수 : 34

2 점 사이의 거리가 1인 점판이 있습니다. 구멍 뚫린 도형 가와 나의 넓이를 각각 구하시오.

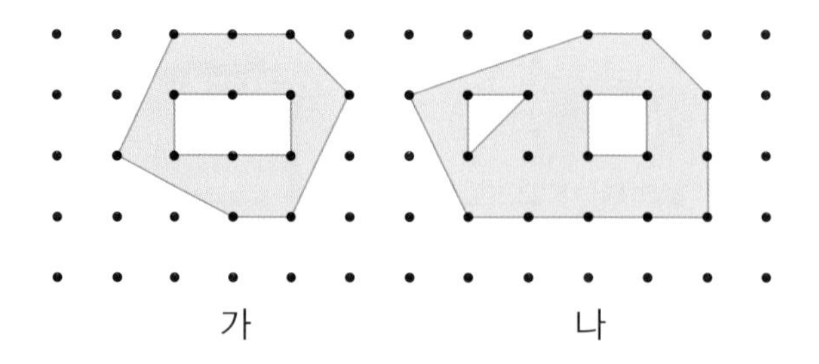

가 나

3 원 위의 점을 연결하여 그린 별 모양의 다각형을 프랑스 수학자 Poinsot의 이름을 따서 뽀앙소의 별이라고 합니다. 원 위에 5개의 점이 있을 때, 둘째 번 점과 연결하여 만든 뽀앙소의 별은 $\{\frac{5}{2}\}$로 나타냅니다. 즉, 뽀앙소의 별 $\{\frac{\triangle}{\square}\}$는 원 위에 △개의 점이 있을 때, □째 번 점과 연결하여 그린 도형입니다. 다음 물음에 답하시오.

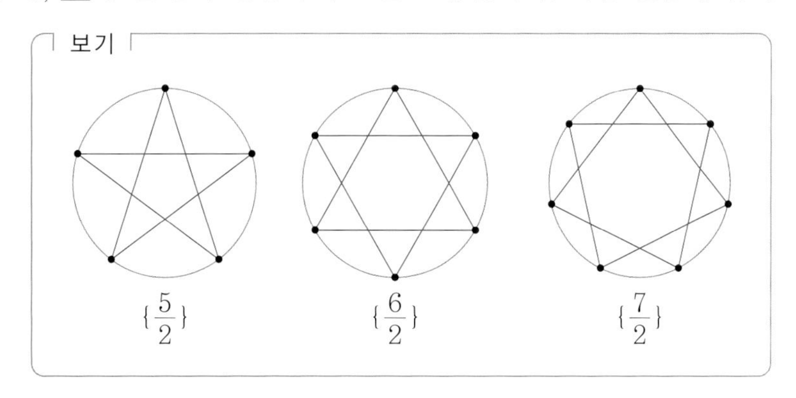

(1) $\{\frac{6}{3}\}$, $\{\frac{7}{3}\}$, $\{\frac{9}{4}\}$을 그려 보시오.

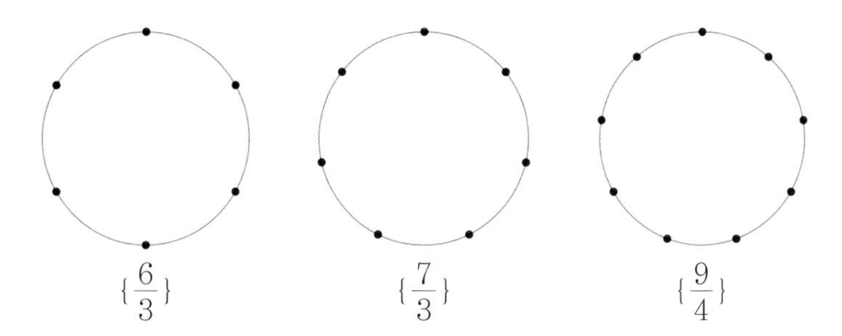

(2) $\{\frac{6}{2}\}$, $\{\frac{6}{3}\}$은 도형이 떨어져 있고 $\{\frac{5}{2}\}$, $\{\frac{7}{2}\}$, $\{\frac{7}{3}\}$, $\{\frac{9}{4}\}$는 이어져 있습니다.

$\{\frac{\triangle}{\square}\}$가 이어져 있으려면 □, △는 어떤 관계가 있어야 합니까?

08 도형 붙이기와 나누기

개념학습 도형 붙이기

도형을 변끼리 붙여서 새로운 모양을 만드는 것을 도형 붙이기라고 합니다.
도형을 붙일 때에는 다음과 같은 방법으로 붙여야 합니다.

① 겹치거나 따로 떼어 놓을 수 없습니다. ( )

② 길이가 다른 변끼리 붙일 수 없습니다. ( )

③ 변끼리 붙일 때 남는 부분이 없도록 합니다. ( )

④ 돌리거나 뒤집어서 같은 모양은 한 가지로 봅니다.

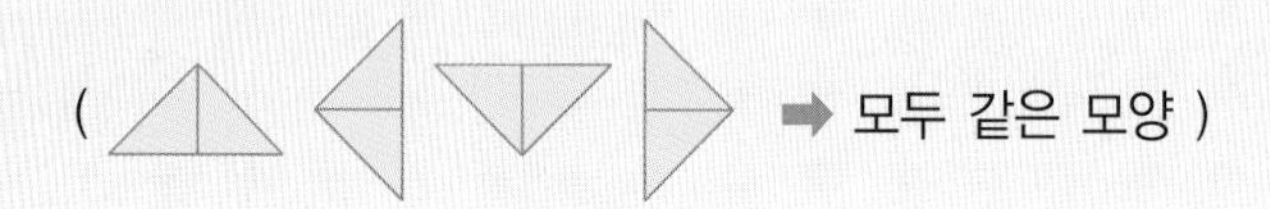

예제 빨간색 부분끼리만 붙일 수 있는 도형 3개를 모두 이용하여 서로 다른 모양을 만들려고 합니다. 만들 수 있는 서로 다른 모양은 모두 몇 가지입니까? (단, 돌리거나 뒤집어서 같은 모양은 한 가지로 봅니다.)

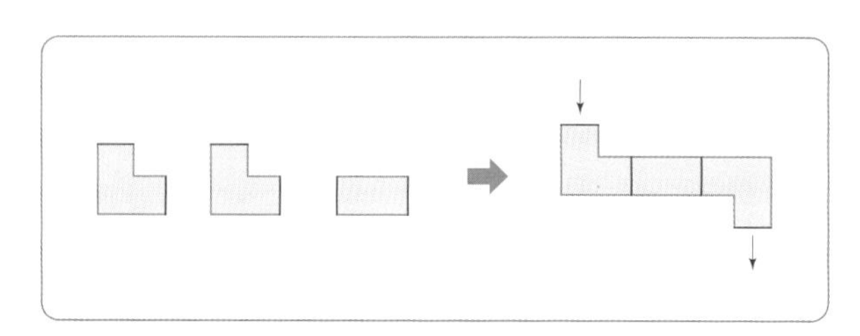

강의노트

① 다른 모양의 도형 2개를 사용하여 만들 수 있는 서로 다른 모양은 □가지입니다.

② 같은 모양의 도형 2개를 사용하여 만들 수 있는 서로 다른 모양은 □가지입니다.

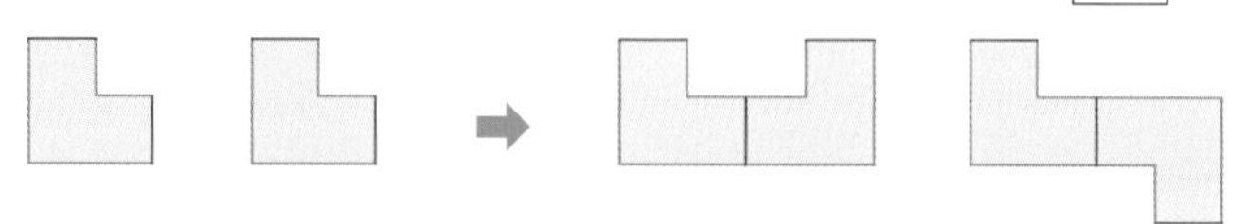

③ 도형 3개를 모두 사용하여 만들 수 있는 서로 다른 모양은 모두 □가지입니다.

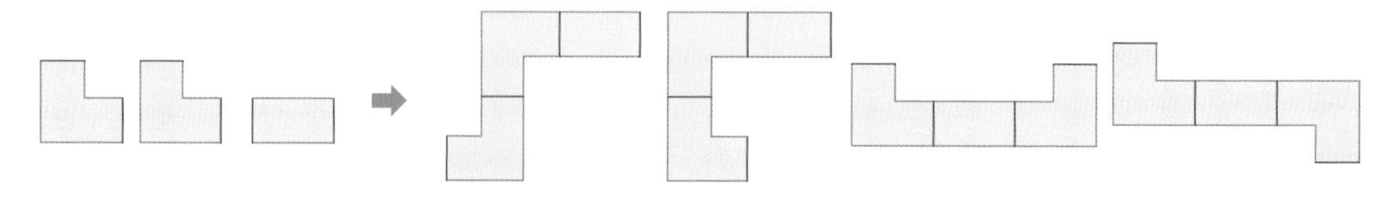

개념학습 도형 나누기

주어진 도형을 조건에 맞게 작은 도형으로 나누는 것을 도형 나누기라고 합니다.
조건에 맞게 작은 도형으로 나누면 그림과 같이 모양과 크기가 같은 여러 개의 조각으로 나눌 수 있는 경우가 생깁니다.
이와 같이 원래의 도형과 모양이 같은 작은 도형으로 나누는 것을 렙타일(rep-tile)이라고 합니다.

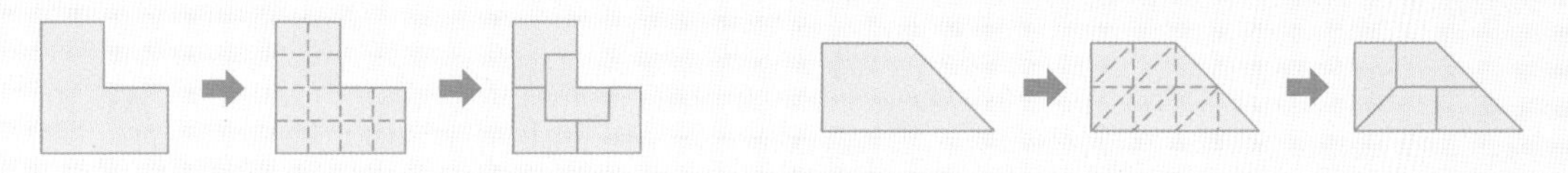

예제 다음 도형을 모양이 같은 4개의 작은 도형으로 나누어 보시오.

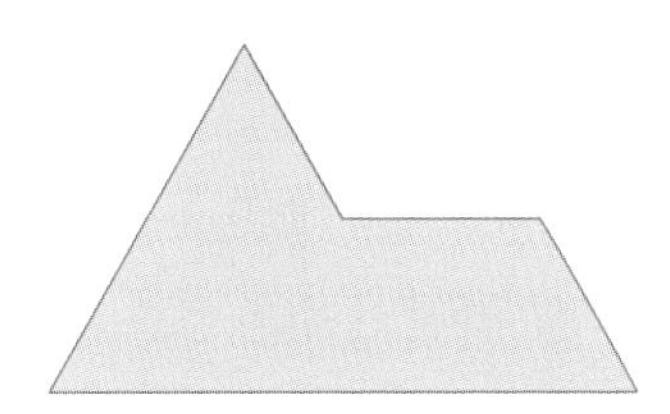

강의노트

① 도형을 정삼각형으로 나누면 정삼각형이 ☐개 만들어집니다. 다시 각각의 정삼각형을 4개의 정삼각형으로 나누면 가장 작은 정삼각형은 모두 ☐개가 만들어집니다.

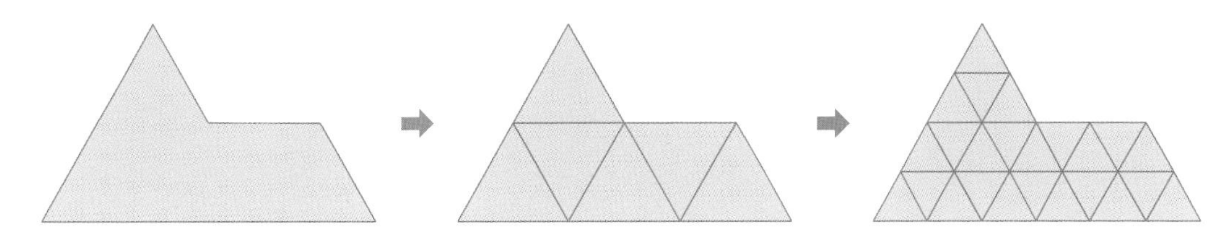

② 만들려고 하는 도형의 개수가 4개이므로 한 개의 도형에는 가장 작은 삼각형이 각각 $24 \div 4 =$ ☐(개)씩 필요합니다. 따라서 다음과 같은 방법으로 나눌 수 있습니다.

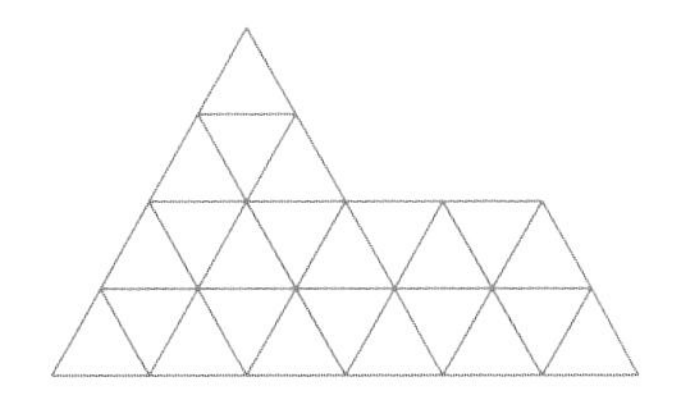

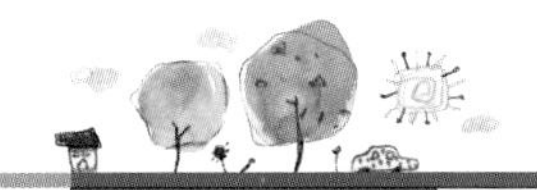

유형 08-1 모양이 서로 다른 도형 붙이기

오른쪽 그림은 | 보기 |의 조각 4개를 이어 붙여 만든 변이 4개인 도형입니다.

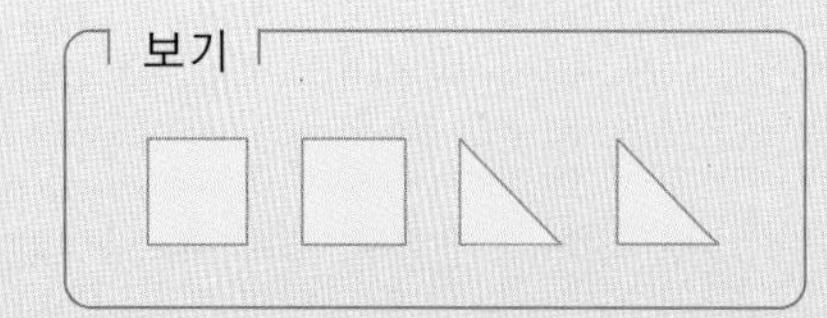

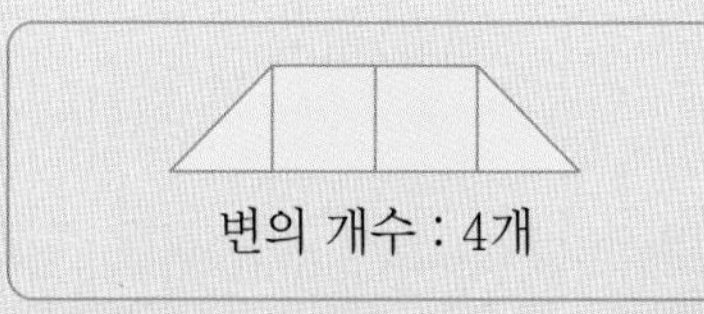

| 보기 |의 조각을 사용하여 도형 가, 나를 가능한 많이 만드시오. (단, 돌리거나 뒤집어서 같은 모양은 한 가지로 생각합니다.)

- 도형 가 : 조각 3개를 사용하여 만든 변이 6개인 도형
- 도형 나 : 조각 4개를 사용하여 만든 변이 7개인 도형

1 | 보기 |의 조각 3개를 사용하여 변이 6개인 서로 다른 모양의 도형을 가능한 많이 만드시오.

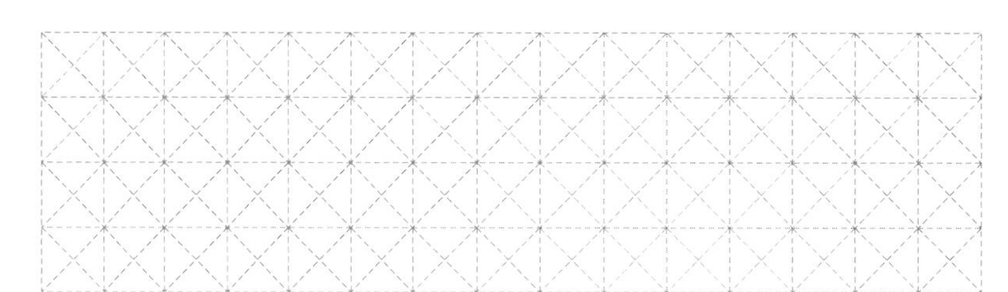

2 | 보기 |의 조각 4개를 사용하여 변이 7개인 서로 다른 모양의 도형을 가능한 많이 만드시오.

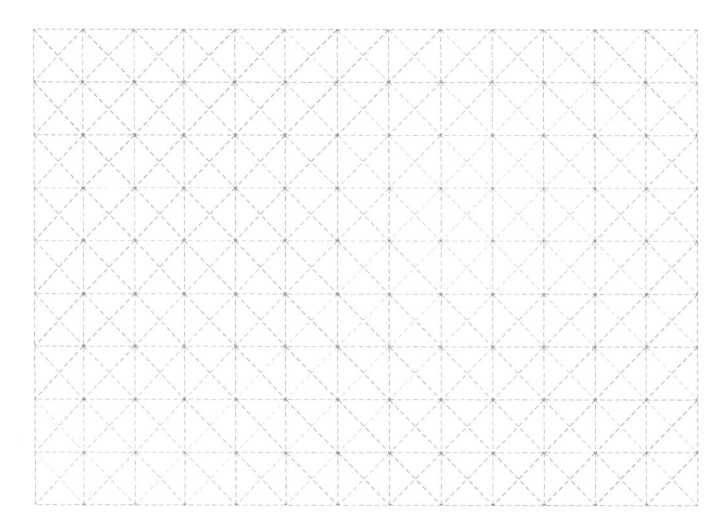

확인문제

1 크기가 같은 정사각형 4개를 변끼리 붙여서 만들 수 있는 서로 다른 모양은 모두 몇 가지입니까? (단, 돌리거나 뒤집어서 같은 모양은 한 가지로 생각합니다.)

◦ Key Point

정사각형을 한 개씩 차례대로 붙여서 생각합니다.

2 | 보기 |와 같은 방법으로 크기가 같은 정사각형 4개를 사용하여 꼭짓점끼리 이어 붙여 만들 수 있는 모양을 가능한 많이 그리시오. (단, 돌리거나 뒤집어서 같은 모양은 한 가지로 생각합니다.)

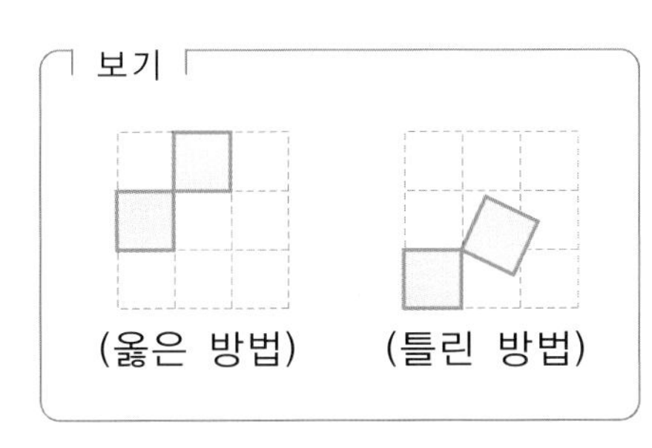

정사각형의 개수를 1개씩 늘려가며 생각해 봅니다.

유형 08-2 칠교조각으로 나누기

칠교조각으로 정사각형 가를 빈틈 없이 덮을 수 있는 서로 다른 방법은 모두 몇 가지입니까? (단, 사용된 조각이 같은 경우는 한 가지로 생각합니다.)

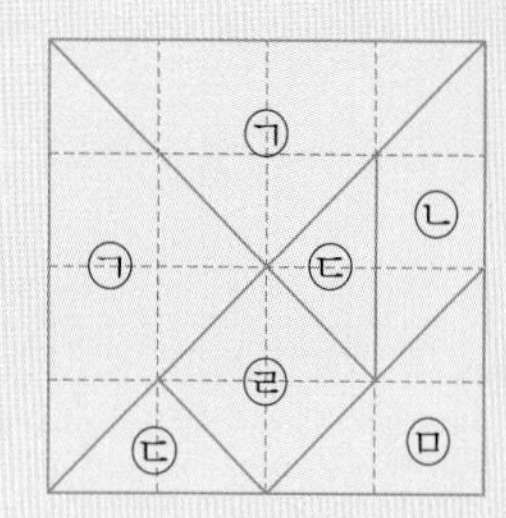

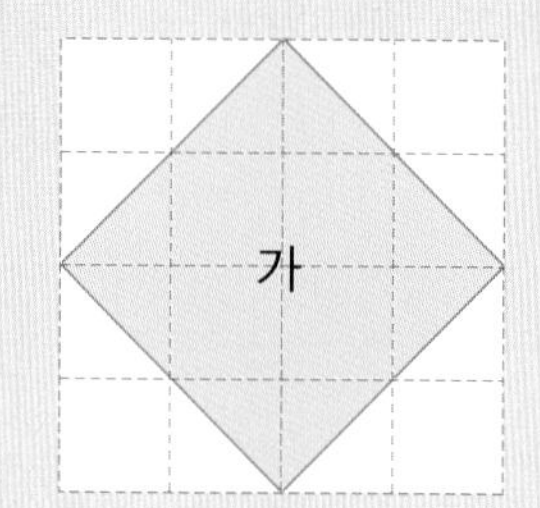

1 ㉠ 조각 2개를 사용하면 오른쪽과 같이 덮을 수 있습니다. ㉠ 조각 1개와 다른 조각들을 사용하여 정사각형 가를 덮을 수 있는 서로 다른 방법을 모두 그리시오.

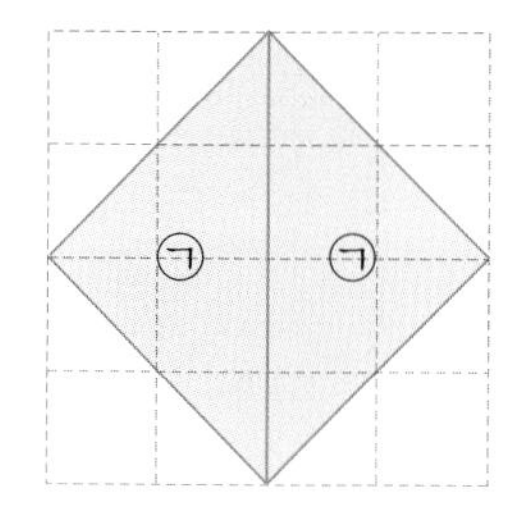

2 ㉠ 조각을 뺀 나머지 조각을 모두 사용하여 정사각형 가를 덮을 수 있는 방법을 그리시오.

3 칠교조각으로 정사각형 가를 빈틈 없이 덮을 수 있는 방법은 모두 몇 가지입니까?

확인문제

Key Point

1 칠교조각을 모두 사용하여 오른쪽 그림을 덮으려고 합니다. 각 조각의 위치를 선으로 나타내시오.

가장 큰 조각이 들어갈 위치를 먼저 찾아봅니다.

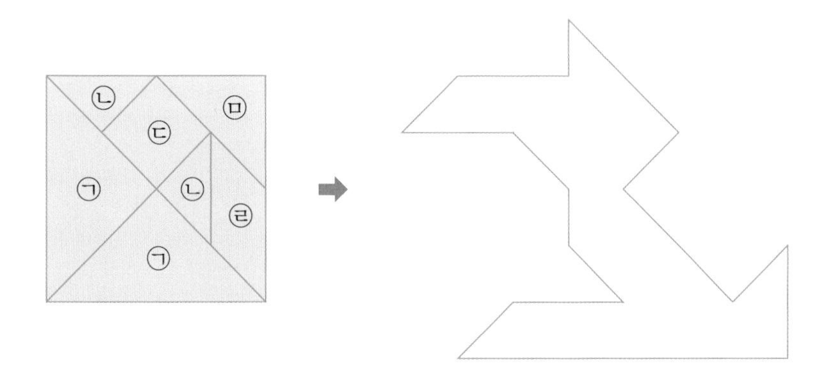

2 다음 매직 트라이앵글 조각을 모두 이용하여 주어진 그림을 덮으려고 할 때, 각 조각의 위치를 선으로 나타내시오.

매직 트라이앵글 조각은 직각이등변삼각형을 붙여 놓은 것입니다.

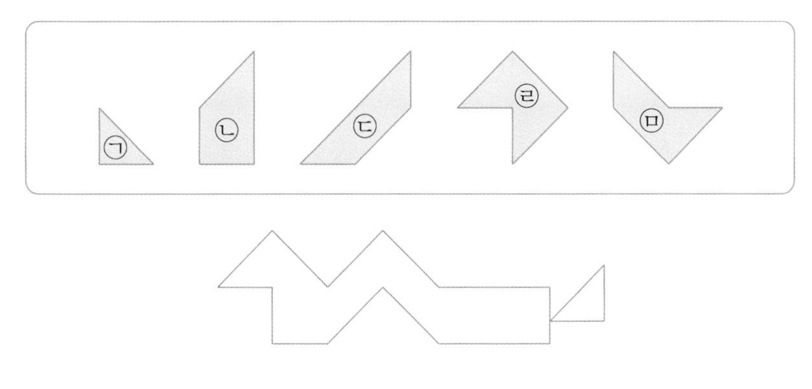

창의사고력 다지기

1 다음 중 | 보기 |의 세 개의 도형을 겹치지 않게 이어 붙여 만들 수 있는 도형이 아닌 것은 어느 것입니까?

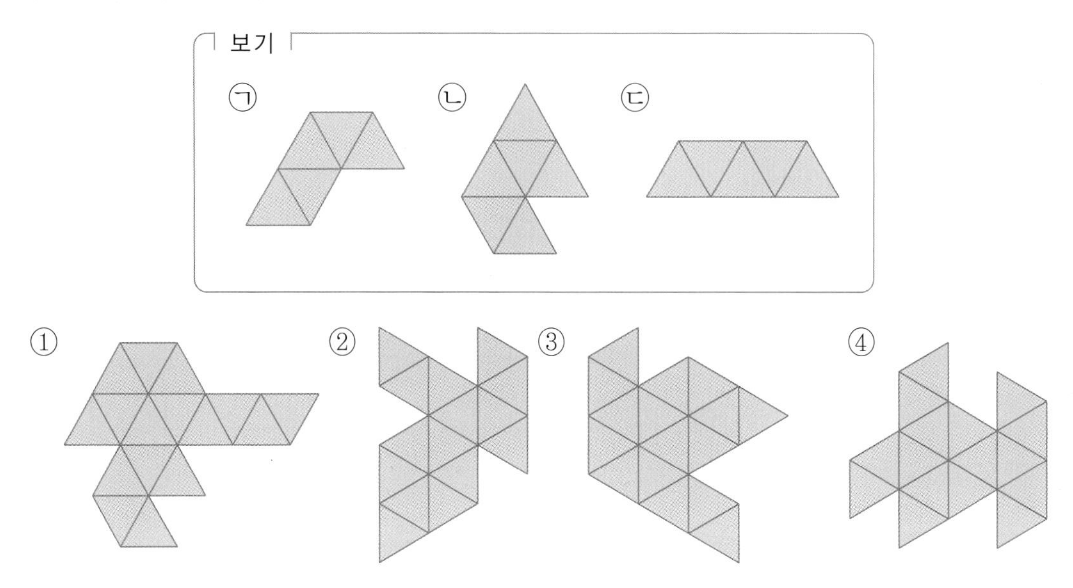

2 그림과 같은 모양의 땅에서 꽃을 제외한 나머지 부분에 주어진 모양의 보도블록을 깔려고 합니다. 보도블록은 몇 개 필요합니까?

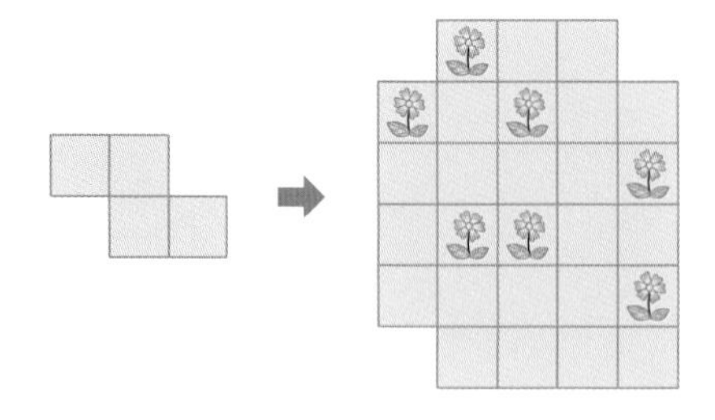

3 다음 | 보기 |는 정삼각형 모양의 모눈종이에 크기가 같은 정삼각형 2개를 꼭짓점끼리 붙여 만든 모양입니다. (단, 돌리거나 뒤집어서 같은 모양은 그리지 않습니다.)

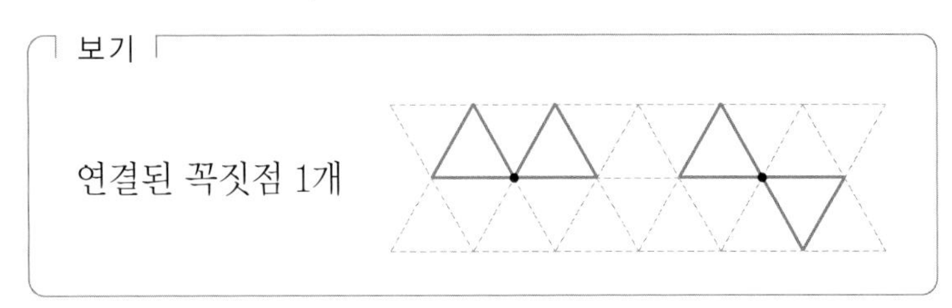

(1) | 보기 |와 같은 방법으로 정삼각형 3개를 붙일 때, 연결된 꼭짓점이 1개인 경우를 그리시오.

(2) | 보기 |와 같은 방법으로 정삼각형 3개를 붙일 때, 연결된 꼭짓점이 2개인 경우를 가능한 많이 그리시오.

(3) | 보기 |와 같은 방법으로 정삼각형 3개를 붙일 때, 연결된 꼭짓점이 3개인 경우를 그리시오.

09 색종이 접기

개념학습 접어서 자른 모양

접어서 자른 후 펼친 모양은 접은 순서와 반대로 펼친 모양을 생각하여 그려나갑니다.

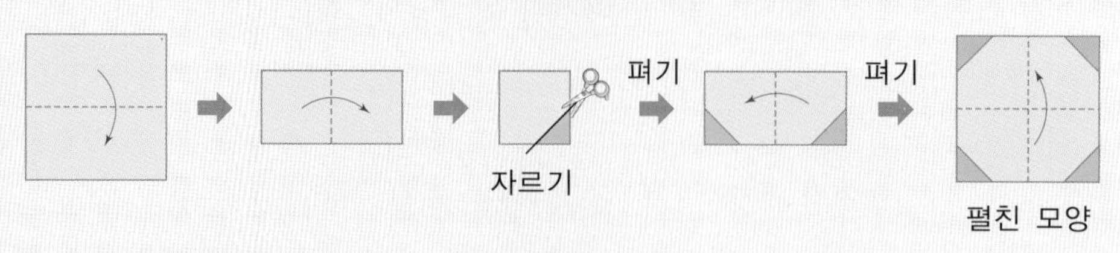

예제 정사각형 모양의 색종이를 두 번 접은 후 선을 따라 진하게 색칠한 부분을 잘라냈습니다. 펼쳤을 때 모양을 그리시오.

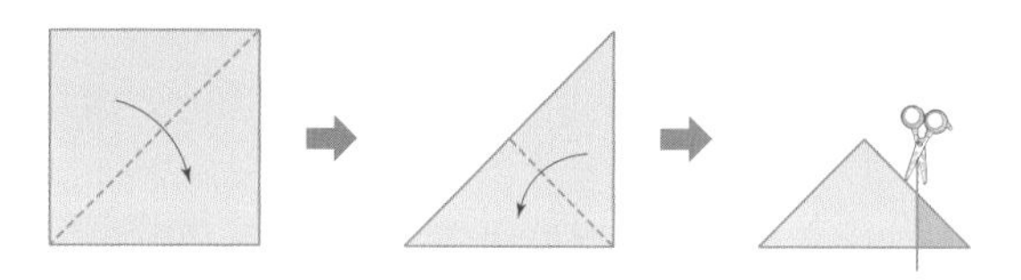

강의노트

접어서 자른 모양을 한 번 펼쳤을 때와 두 번 펼쳤을 때 잘린 부분을 각각 색칠하여 보시오.

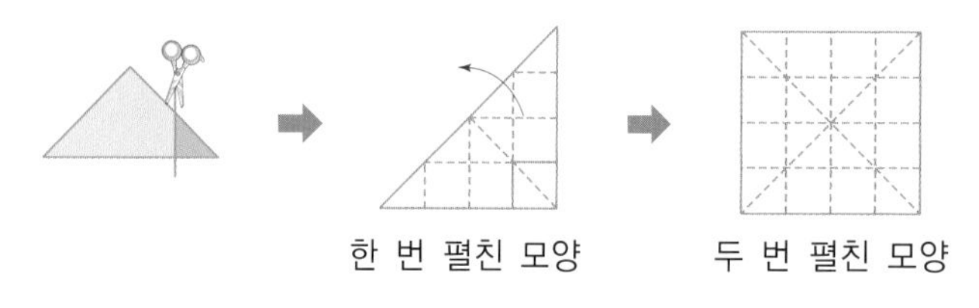

유제 정사각형 모양의 색종이를 그림과 같이 접은 후, 진하게 색칠한 부분을 잘라냈습니다. 접어서 자른 모양을 보고, 펼쳤을 때 잘린 부분을 색칠해 보시오.

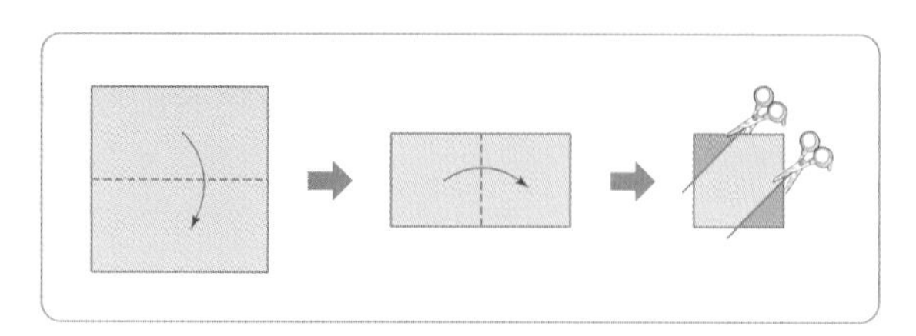

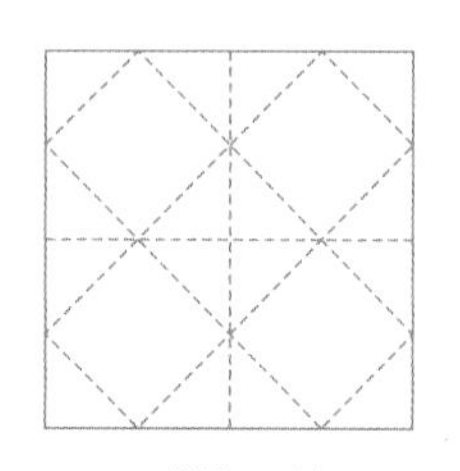

펼친 모양

개념학습 띠 종이를 접어서 만든 모양

그림과 같이 숫자가 적힌 띠 종이를 접으면 그림에서 서로 같은 색깔의 선끼리만 만날 수 있습니다.

1	2	3	4	5	6

예를 들어 다음과 같이 종이를 접어 | 1 | 4 | 5 | 6 |, | 1 | 6 |, | 3 | 6 | 을 만들 수 있습니다.

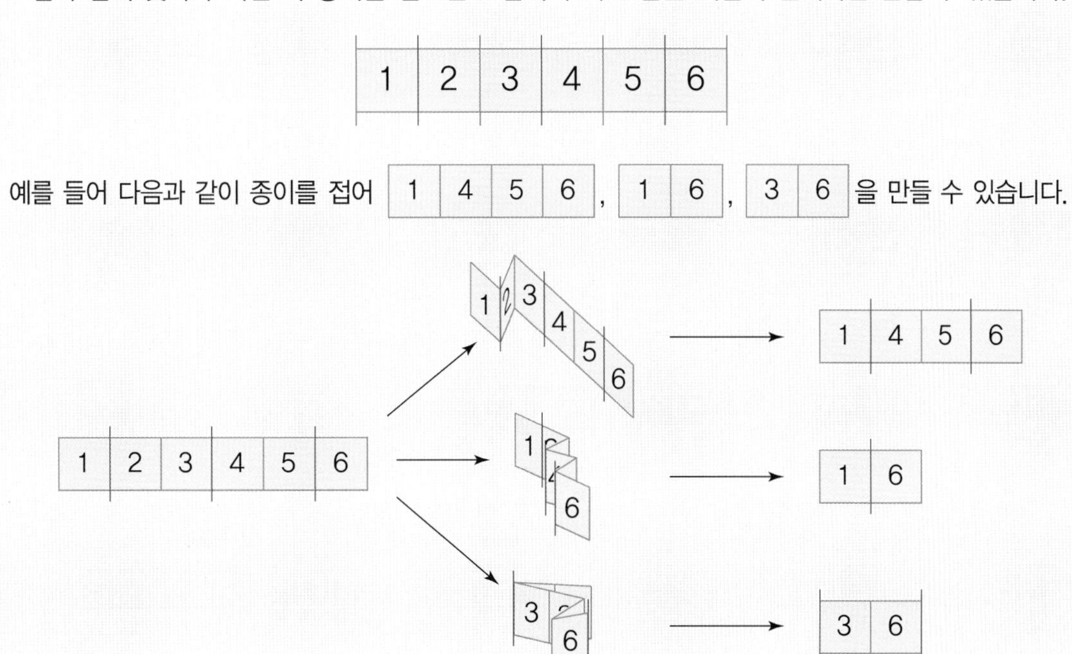

예제 1에서 8까지의 수가 적힌 띠 종이를 접어서 오른쪽과 같은 모양으로 만들려고 합니다. 접는 방법을 설명하고, 접을 수 없다면 그 이유를 설명하시오. (단, 숫자 중간을 접을 수 없습니다.)

1	2	3	4	5	6	7	8

➡

2	6	7

강의노트

① 띠 종이를 | 2 | 6 | 7 | 로 접으려면 2의 오른쪽선과 6의 (오른쪽, 왼쪽) 선이 서로 만나야 합니다.

② 띠 종이를 접었을 때 2의 오른쪽 선과 만날 수 있는 선에 선을 그어 표시해 봅니다.

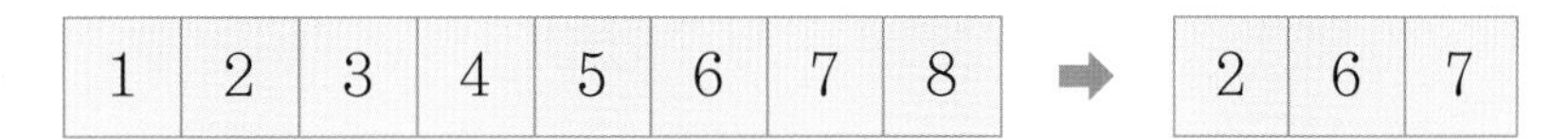

③ 따라서 | 2 | 6 | 7 | 모양은 띠 종이를 접어서 만들 수 (있습니다, 없습니다.)

유형 09-1 접어서 구멍 뚫은 모양

정사각형 모양의 색종이를 완전히 포개어지도록 세 번 접은 다음, 그림과 같이 구멍을 뚫었습니다. 구멍을 뚫고 남은 부분의 색종이를 펼쳤을 때 만들어지는 모양을 그리시오.

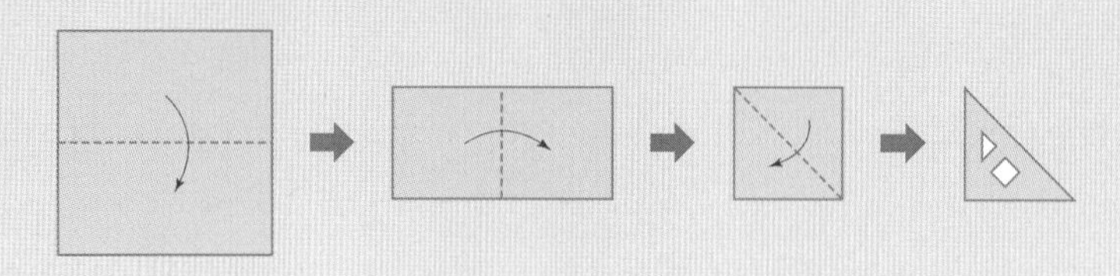

1 접은 색종이를 한 번씩 펼칠 때의 모양을 각각 그리시오.

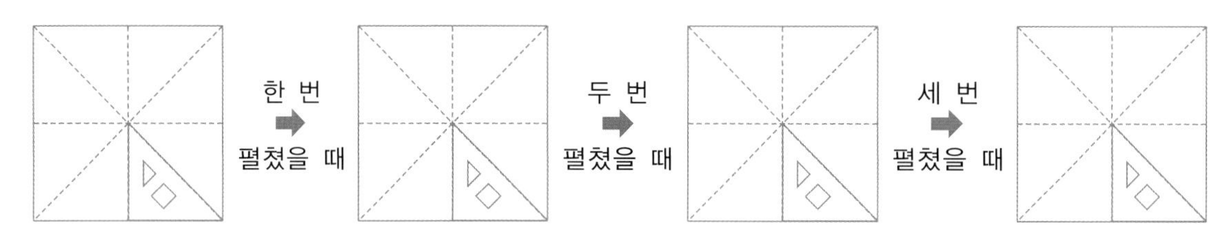

2 위와 같이 접은 색종이를 오른쪽 그림과 같이 자르고 구멍을 뚫은 후 펼쳤을 때 모양을 그리시오.

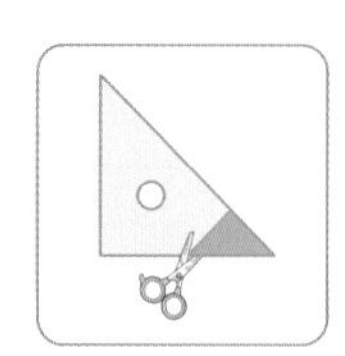

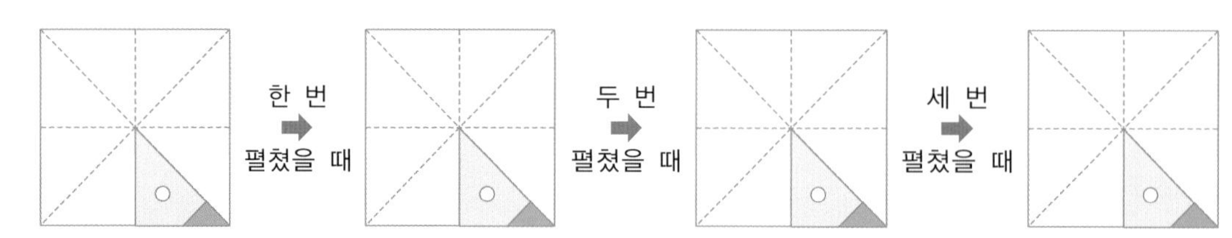

확인문제

Key Point

1 그림과 같이 정사각형 모양의 색종이를 접어서 구멍을 뚫었습니다. 구멍을 뚫고 남은 부분의 색종이의 모양을 그리시오.

접은 순서와 반대로 펼치면서 구멍이 뚫린 위치를 찾아봅니다.

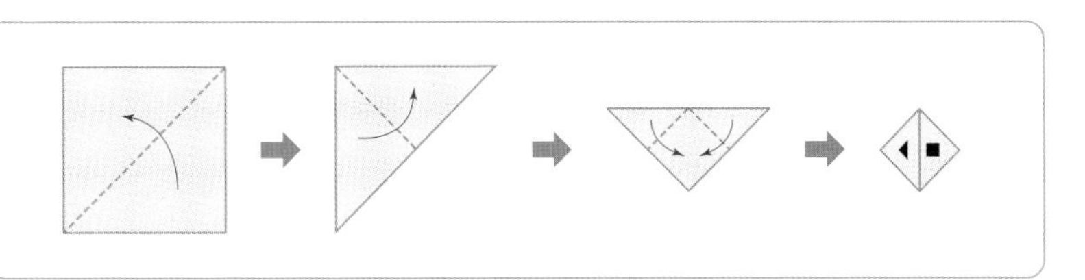

펼친 모양

2 정육각형 모양의 종이를 다음과 같이 접은 후 진하게 색칠한 부분을 잘라냈습니다. 잘라내고 남은 부분을 펼쳤을 때 모양을 그리시오.

접은 순서와 반대로 펼치면서 구멍이 뚫린 위치를 찾아봅니다.

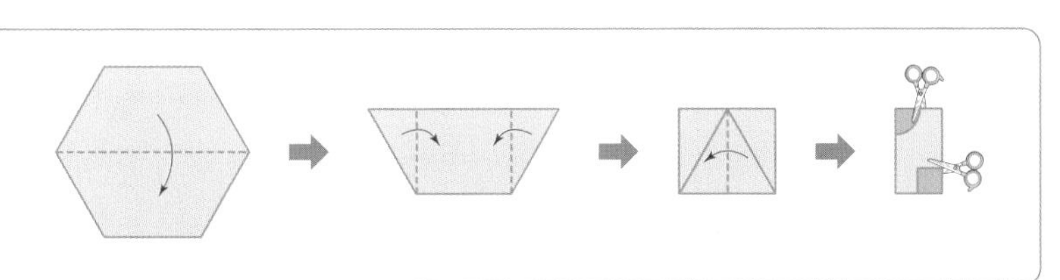

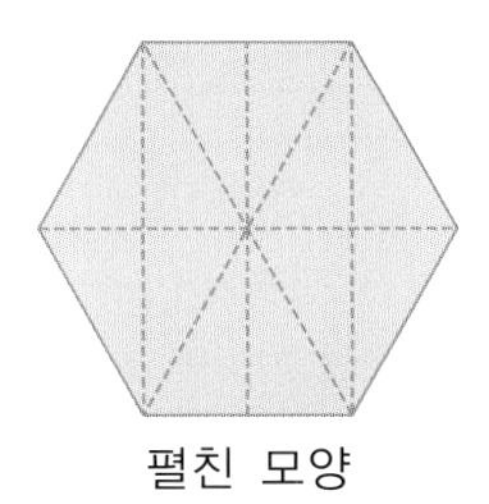

펼친 모양

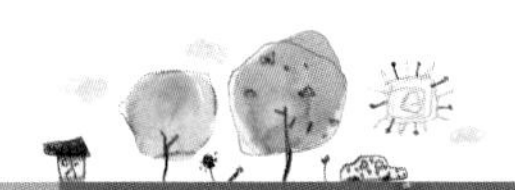

유형 09-2 목표수 접어 자르기

색종이를 다음과 같이 숫자 9가 맨 위에 올라오게 선을 따라 접었습니다. 진하게 색칠한 부분을 자른 후 펼쳤을 때의 모양을 그려 보시오.

1	2	3	4	5
6	7	8	9	10

➡ 9

1 다음과 같이 보이도록 색종이를 펼쳤을 때, 잘린 부분을 색칠하시오.

6	7	8	9	10

2 **1** 에서 완성한 그림을 위아래로 펼쳤을 때의 모양 위에 잘린 부분을 색으로 표시하여, 펼친 모양을 완성하시오.

6	7	8	9	10

➡

1	2	3	4	5
6	7	8	9	10

3 위와 같이 접은 색종이를 다음과 같이 진하게 색칠한 부분을 잘랐습니다. 잘린 부분을 색칠하시오.

9 ➡

1	2	3	4	5
6	7	8	9	10

확인문제

1 다음과 같은 색종이를 숫자 3이 맨 위에 오도록 선을 따라 접은 후 구멍을 뚫었습니다. 이 색종이를 다시 펼쳤을 때의 모양을 그리시오.

1	2	3	4	5
6	7	8	9	10

➡ 3

1	2	3	4	5
6	7	8	9	10

∘ Key Point

접었을 때 서로 만나는 선을 찾아 구멍을 뚫은 부분을 그려 봅니다.

2 숫자가 써 있는 긴 종이를 선을 따라 접어 숫자 3이 맨 위에 오도록 하였습니다. 색칠한 부분을 가위로 자른 후 펼친 모양을 그리시오.

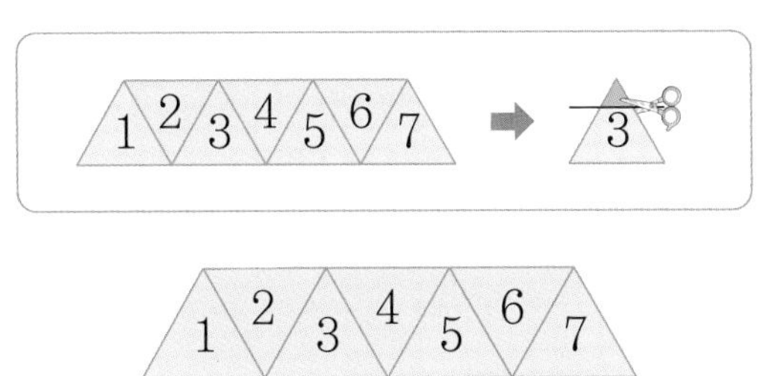

1 2 3 4 5 6 7

접었을 때 서로 만나는 선을 찾아 자른 부분을 그려 봅니다.

창의사고력 다지기

1 정사각형 색종이를 다음과 같이 접은 후 구멍을 뚫었습니다. 펼친 모양을 그리시오.

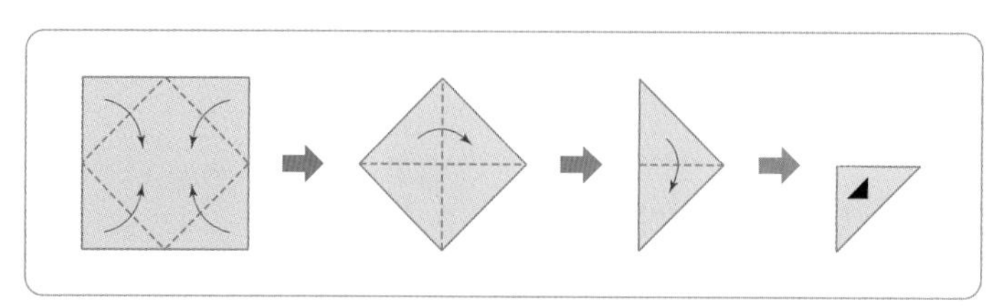

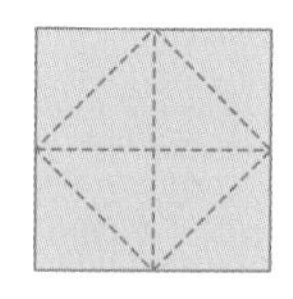

2 유진이는 다음과 같이 긴 종이를 크기가 같은 칸으로 나누어 친구들의 이름을 썼습니다. 다음 중 종이를 세로선을 따라 접었을 때 만들 수 없는 것은 어느 것입니까?

슬기	동현	민수	하영	진주	정남	상택	호철

①

슬기	호철

②

동현	진주	호철

③

호철	민수

④

민수	상택	호철

⑤

진주	정남	슬기

3 그림과 같이 정삼각형 색종이를 접은 후 진하게 색칠한 부분을 오려낸 다음 구멍을 뚫었습니다. 펼친 모양을 완성하시오.

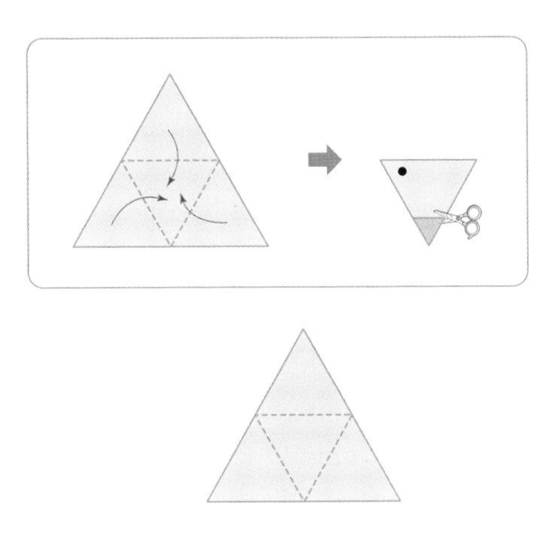

4 현중이는 달력을 선을 따라 접어 11이 맨 위에 오도록 접은 후 구멍을 뚫었습니다. 11을 포함하여 11과 같은 위치에 뚫린 날짜의 합은 얼마입니까?

월	화	수	목	금	토	일
1	2	3	4	5	6	7
8	9	10	11	12	13	14
15	16	17	18	19	20	21
22	23	24	25	26	27	28
29	30	31				

➡ 11

Memo

Ⅸ 경우의 수

10 최단경로의 가짓수

11 경우의 수

12 프로베니우스의 동전

경우의 수

10 최단경로의 가짓수

개념학습 평면도형에서의 최단경로의 가짓수

① 점 A에서 점 B까지 가는 최단경로의 가짓수는 다음과 같이 선이 만나는 곳까지의 길의 가짓수를 더하여 구합니다.

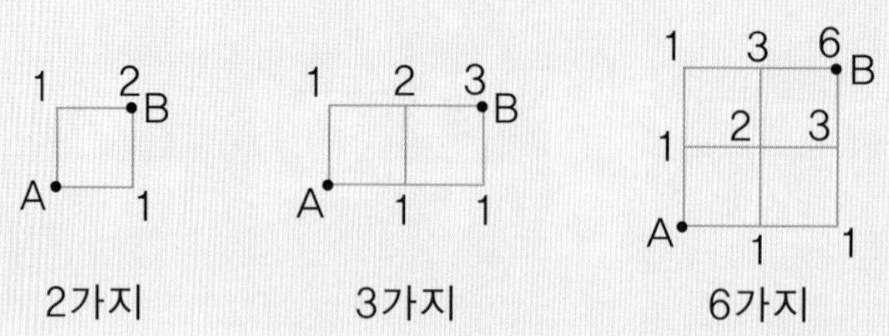

② 대각선이 있는 경우, 그림과 같이 대각선을 가능한 많이 지날수록 점 A에서 점 B까지 가는 거리는 짧아집니다.

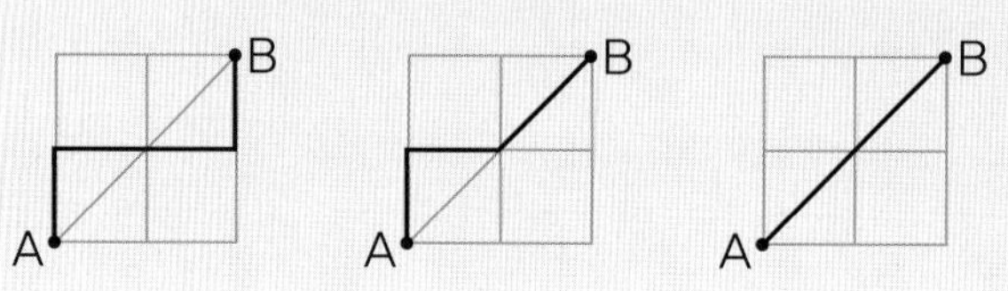

예제 집에서 병원까지 가는 가장 짧은 길은 모두 몇 가지입니까?

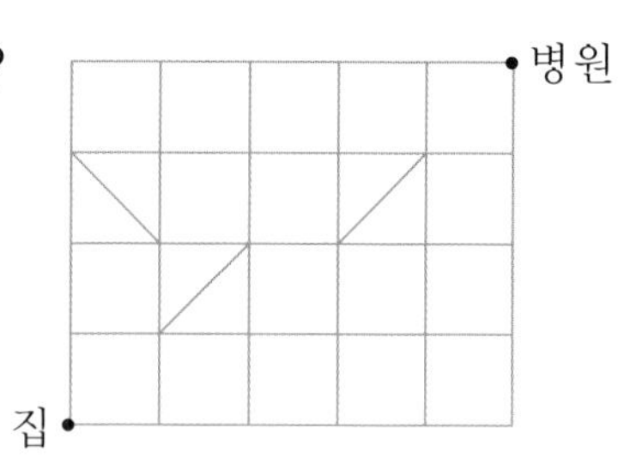

강의노트

① 집에서 병원까지 가장 짧은 길로 가기 위해서는 2개의 대각선 ㉠과 □을 지나야 합니다.
대각선 □은 집에서 병원으로 가는 길의 방향과 다르므로 지나지 않아야 합니다.

② ①에서 찾은 2개의 대각선을 지나 집에서 병원까지 가는 가장 빠른 길은 몇 가지인지 빈 칸에 가짓수를 써 넣습니다.

③ 따라서 집에서 병원까지 가는 가장 짧은 길은 모두 □가지입니다.

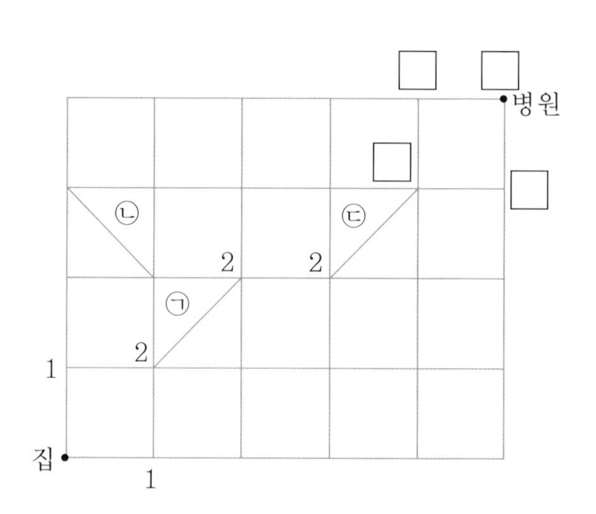

개념학습 입체도형에서의 최단경로의 가짓수

정육면체의 모서리를 따라 점 A에서 점 B까지 가는 최단경로의 가짓수는 다음과 같이 모서리가 만나는 곳까지의 길의 가짓수를 더하여 구합니다.

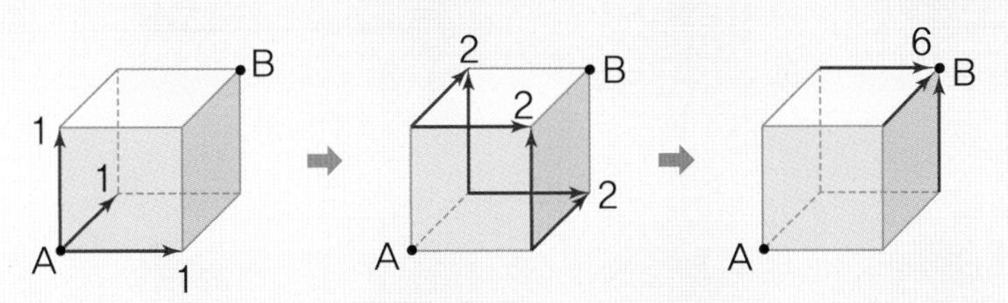

예제 다음 그림은 철사를 이용하여 정육면체 2개를 이어 붙인 모양을 만든 것입니다. 개미가 A 지점에서 B 지점까지 가는 가장 짧은 길은 모두 몇 가지입니까?

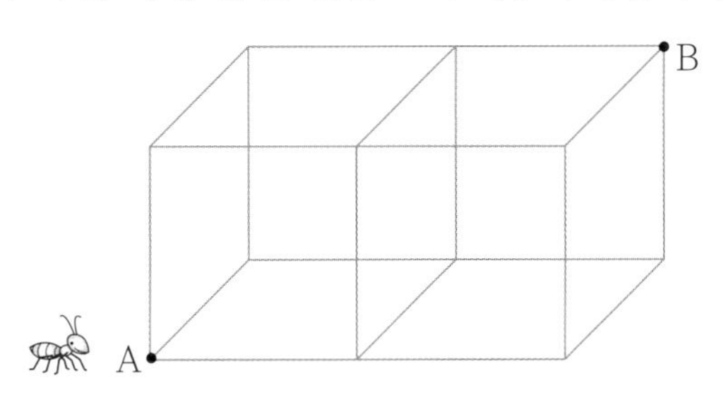

강의노트

① A 지점에서 B 지점까지 가는 가장 짧은 길의 가짓수 중 1가지와 2가지 길로만 갈 수 있는 곳을 표시하면 다음과 같습니다. 나머지 빈 칸에 A에서 각 꼭짓점까지 가는 길의 가짓수를 써 넣습니다.

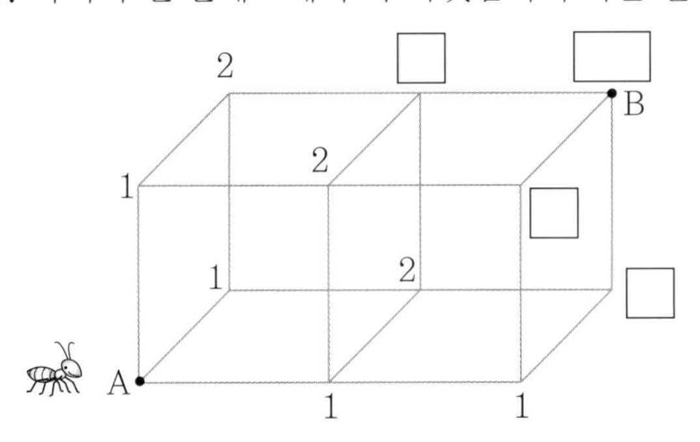

② 따라서 개미가 A 지점에서 B 지점까지 가는 가장 짧은 길의 가짓수는 모두 ☐가지입니다.

유형 10-1 일방통행이 있는 경우의 최단거리

다음 그림과 같은 길에서 A에서 B까지 가는 가장 짧은 길은 모두 몇 가지입니까?
(단, 화살표가 그려진 길은 화살표 방향으로만 갈 수 있는 일방통행 길입니다.)

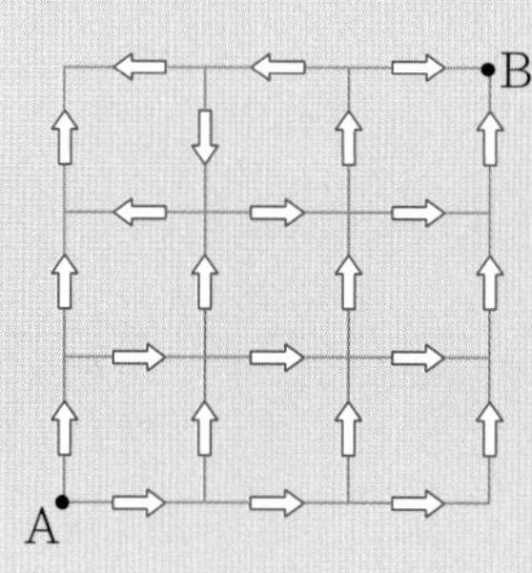

1 A에서 B까지 가장 짧은 길로 가기 위해서는 화살표 ⇨이나 ⇧이 있는 길을 지나야 합니다. 다음 그림에서 지나지 않아야 하는 길 위에 ×표 하시오.

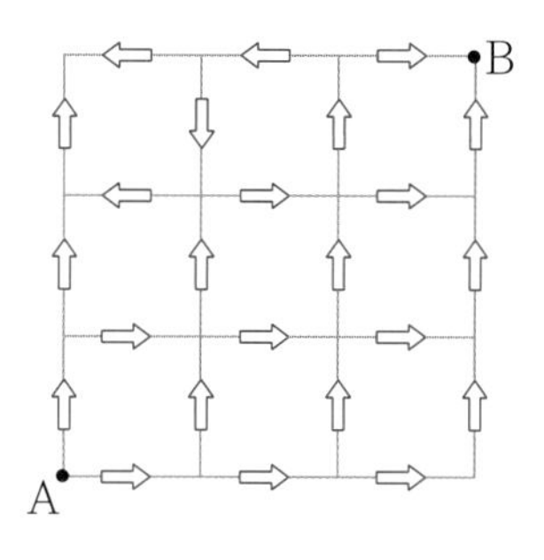

2 **1**에서 ×표 한 곳과 갈 수 없는 방향은 길이 없다고 생각하고 그림을 다시 그리면 다음과 같습니다. □ 안에 A 지점에서 각 꼭짓점까지 가는 길의 가짓수를 써 넣으시오.

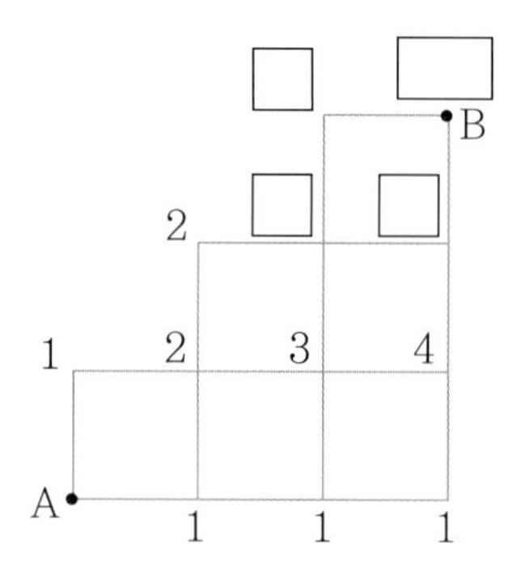

3 A에서 B까지 가는 가장 짧은 길은 모두 몇 가지입니까?

확인문제

Key Point

1 영수는 택시를 타고 집에서 공항까지 가려고 합니다. 모든 길은 화살표 방향으로만 갈 수 있는 일방통행 길이라고 할 때, 집에서 공항까지 가는 가장 짧은 길은 모두 몇 가지입니까?

가지 않아야 하는 길은 없다고 생각하여 길을 다시 그려 봅니다.

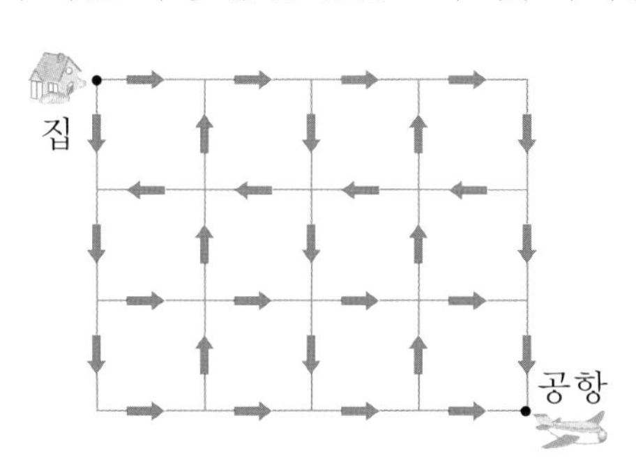

2 다음 지도에서 색칠된 부분은 강이고, 선은 길을 나타냅니다. 집에서 학교까지 가는 가장 짧은 길은 모두 몇 가지입니까?

가장 짧은 길로 가기 위해 지나서는 안 되는 길을 지우고 생각해 봅니다.

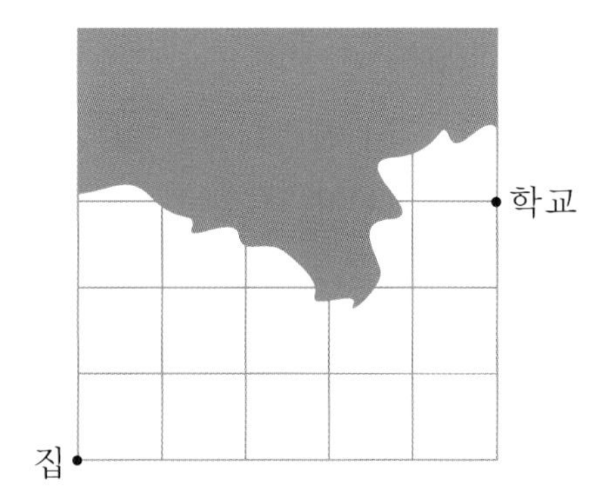

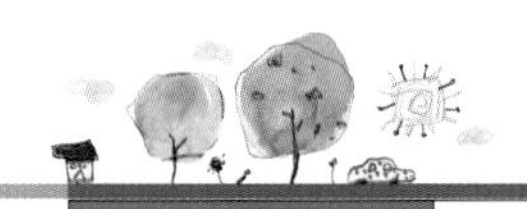

유형 10-2 입체도형의 길의 가짓수

다음과 같은 정육각기둥의 A 지점에 있는 개미가 B 지점까지 모서리를 따라 가려고 할 때, 가장 짧은 길은 모두 몇 가지입니까?

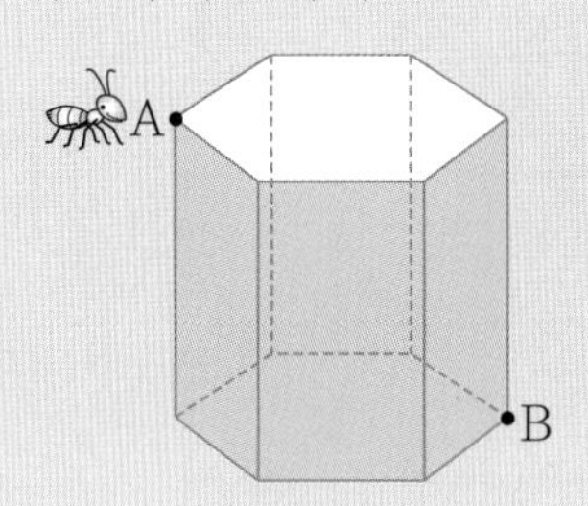

1 정육각기둥의 칠해진 옆면을 펼치면 다음과 같습니다. 펼친 모양을 따라 A 지점에서 B 지점까지 가는 가장 짧은 길의 가짓수를 구하시오.

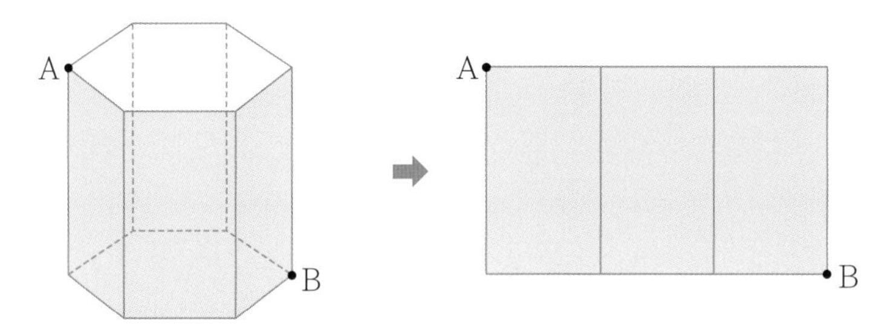

2 정육각기둥의 남은 옆면을 따라 A 지점에서 B 지점으로 가는 가장 짧은 길은 앞 쪽면을 따라 A에서 B로 가는 가장 짧은 길과 모양이 같습니다. 정육각기둥의 뒷쪽의 면으로 모서리를 따라 A 지점에서 B 지점까지 가는 가장 짧은 길은 모두 몇 가지입니까?

3 정육각기둥의 모서리를 따라 A 지점에서 B 지점까지 가는 가장 짧은 길은 모두 몇 가지입니까?

확인문제

1 다음과 같은 정오각기둥의 점 A에 있는 개미가 점 B까지 모서리를 따라 가려고 합니다. 가장 가까운 길은 모두 몇 가지입니까?

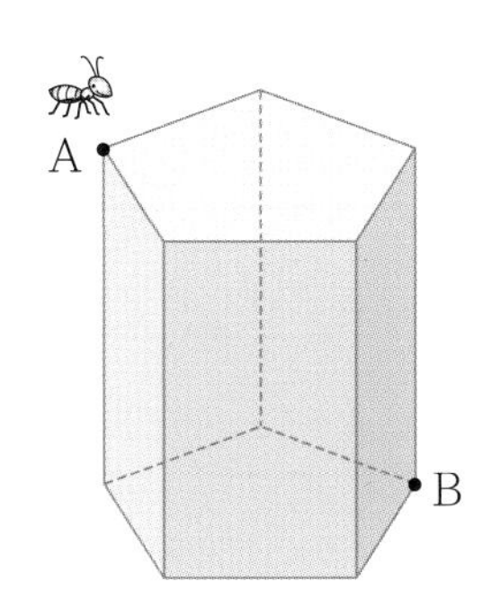

Key Point

앞쪽으로 기어갈 때와 보이지 않는 뒤쪽으로 기어갈 때 어느 길이 더 짧은지 생각해 봅니다.

2 생쥐가 다음과 같이 철사로 만들어진 길을 따라 케이크를 먹으러 가려고 합니다. 가장 빠른 길로 갈 수 있는 방법은 모두 몇 가지입니까?

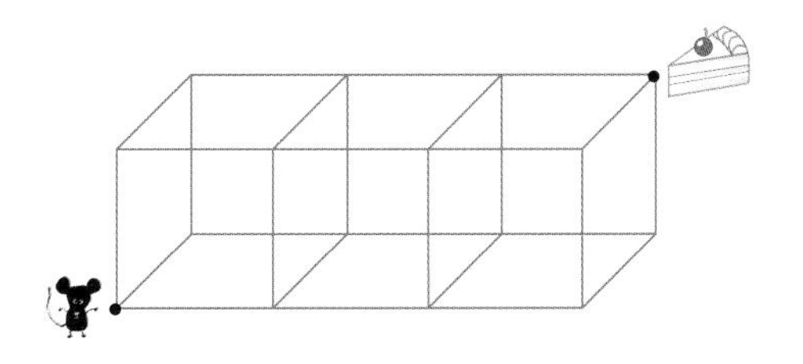

먼저 한 가지 길로만 지나갈 수 있는 곳을 찾아 1을 쓴 후, 길이 모이는 곳에 길의 가짓수를 더해서 써 봅니다.

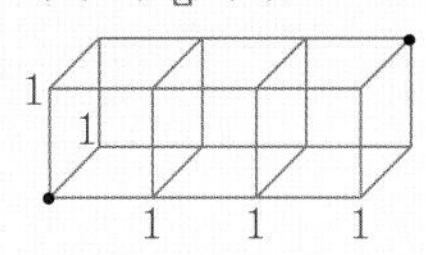

창의사고력 다지기

1 종현이는 가장 가까운 길로 도서관에 가려고 합니다. 갈 수 있는 길은 모두 몇 가지입니까?

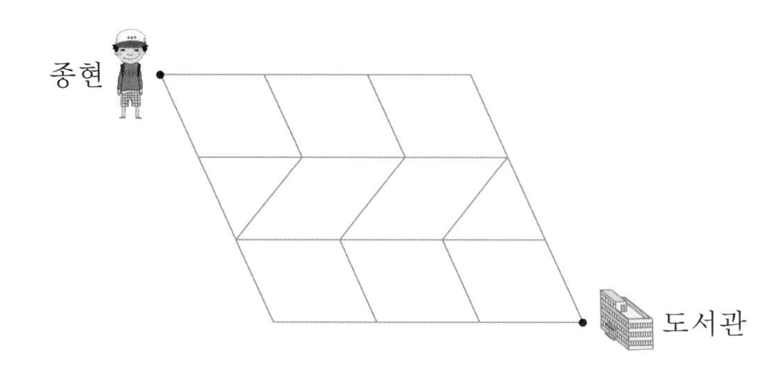

2 유진이는 집에서 공사 지점 ⊖을 피해서 학교에 가려고 합니다. 가장 짧은 길은 모두 몇 가지입니까?

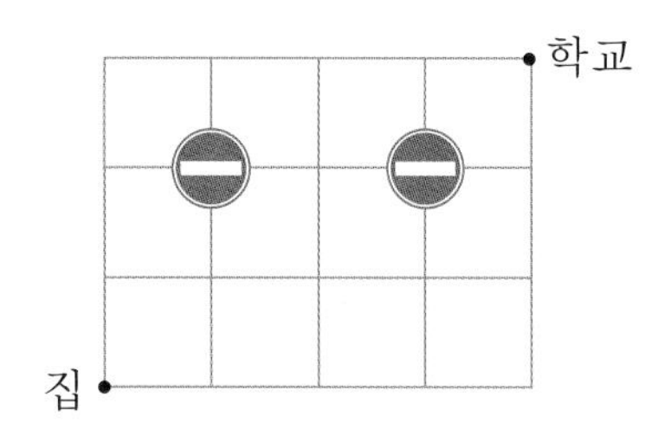

3 철사로 다음과 같이 정육면체 2개를 붙인 모양을 만들었습니다. 모서리를 따라 점 A에서 점 B로 가는 가장 짧은 길은 모두 몇 가지입니까?

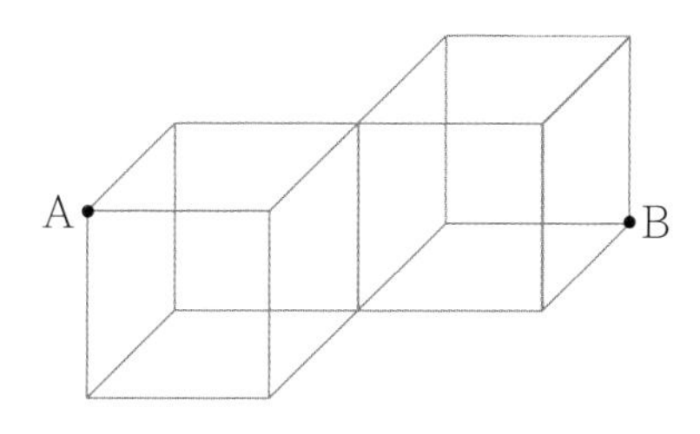

4 다음 그림과 같은 길이 있습니다. A → B → C → D의 순서로 이동할 때, 가장 짧은 길은 모두 몇 가지입니까?

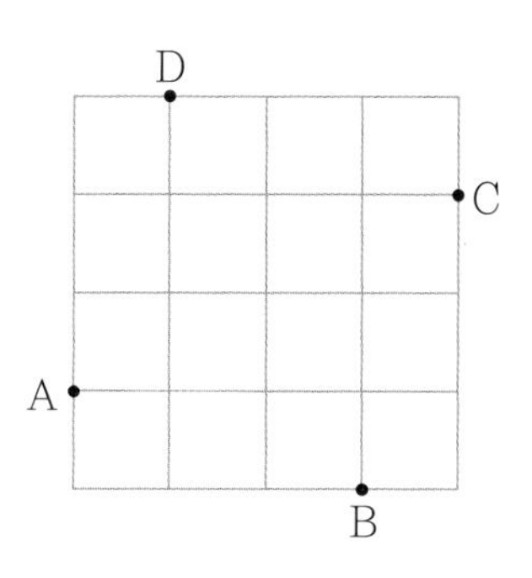

11 경우의 수

개념학습 경우의 수

주사위 한 개를 던질 때 나올 수 있는 눈은 1, 2, 3, 4, 5, 6의 6가지입니다.
이와 같이 어떤 일이 일어나는 경우의 가짓수를 경우의 수라고 합니다.
두 가지 이상의 일이 동시에 일어나거나 복잡한 상황에서 경우의 수를 구할 때에는 오른쪽 그림과 같은 나뭇가지 그림을 그려서 경우의 수를 구합니다.

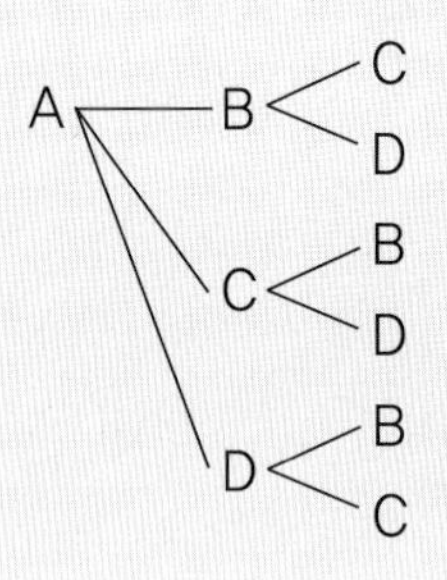

예제 100원짜리 동전 1개와 주사위 1개를 던졌을 때의 경우의 수를 구하시오.

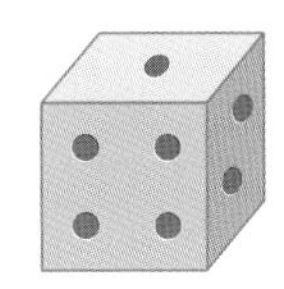

강의노트

① 100원짜리 동전을 던지면 그림면 또는 숫자면이 나올 수 있으므로 경우의 수는 ☐이고, 주사위 한 개를 던지면 1부터 6까지의 숫자가 나올 수 있으므로 경우의 수는 ☐입니다.

② 100원짜리 동전이 나올 수 있는 면에 따라 주사위의 눈이 다르게 나오는 경우를 나뭇가지 그림으로 그려 보면 다음과 같습니다.

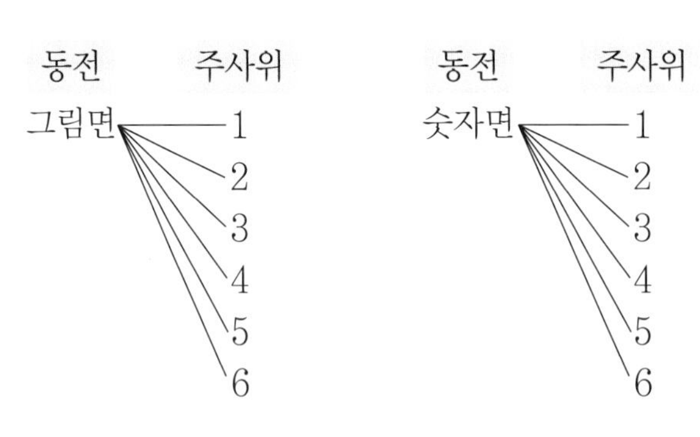

③ 따라서 100원짜리 동전 한 개와 주사위 한 개를 던졌을 때 나올 수 있는 경우의 수는 ☐입니다.

유제 1에서 4까지의 숫자로 만든 세 자리 수 중 백의 자리 숫자가 십의 자리 숫자보다 크고, 십의 자리 숫자가 일의 자리 숫자보다 큰 수를 나뭇가지 그림을 그려 모두 구하시오.

개념학습 **대표 정하기**

- 반장, 부반장 뽑기 : □명 중에서 반장, 부반장을 뽑는 경우의 수는 □×(□−1)입니다.
- 대표 2명 뽑기 : □명 중에서 대표 2명을 뽑는 경우의 수는 □×(□−1)÷2입니다.

예제 지웅이네 반에서 대표를 뽑기 위해 선거를 하기로 했습니다. 4명의 후보 중 다음 두 가지 방식으로 대표를 뽑을 때, 각각의 경우의 수를 구하시오.

(1) 반장 1명, 부반장 1명　　(2) 대표 2명

강의노트

① 다음은 A, B, C, D 4명의 후보 중 반장 1명과 부반장 1명을 뽑는 경우의 나뭇가지 그림입니다.

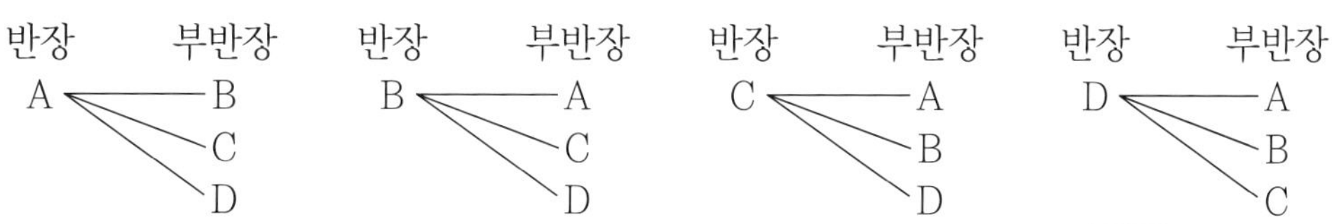

A, B, C, D 4명이 각각 반장이 될 때 부반장을 뽑는 서로 다른 경우가 □가지씩 있습니다.

따라서 경우의 수는 4×□=□입니다.

② 후보의 수가 같더라도 반장과 부반장을 뽑는 경우의 수와 대표 2명을 뽑는 경우의 수는 같지 않습니다. 다음 표에서 반장과 부반장은 철수와 영희의 순서가 바뀌면 다른 경우가 되지만, 대표 2명은 순서에 상관없이 같은 경우이기 때문에, 대표 2명을 뽑는 1가지 경우마다 반장, 부반장을 뽑는 경우는 2가지씩 생깁니다.

반장	부반장	대표 2명
철수	영희	철수, 영희
영희	철수	

③ 따라서 반장, 부반장을 뽑는 경우의 수를 2로 나누면 대표 2명을 뽑는 경우의 수를 구할 수 있습니다.

4×□÷2=□

유제 6명의 후보 중에서 대표 2명을 뽑는 경우의 수를 구하시오.

유형 11-1 순서 정하기

종인, 영수, 재영, 기현이가 서로 다른 순서로 한 줄로 서는 경우의 수를 구하시오.

1 종인이가 맨 앞에 오는 경우를 나뭇가지 그림으로 그려 보시오. 줄을 서는 방법은 몇 가지입니까?

2 영수, 재영, 기현이가 맨 앞에 오는 경우도 마찬가지 경우이므로 네 사람이 한 줄로 서는 경우의 수는 곱셈을 이용하여 구할 수 있습니다. 빈 칸에 알맞은 수를 써 넣고, 4명이 서로 다른 순서로 줄을 서는 경우의 수를 구하시오.

$\square \times 4 = \square$

3 위의 네 사람이 한 줄로 설 때, 종인이가 맨 뒤에 서는 경우는 모두 몇 가지입니까?

확인문제

1 주머니에 빨간 공, 노란 공, 파란 공, 검은 공이 한 개씩 들어 있습니다. 눈을 감고 주머니에 손을 넣어 공을 하나씩 꺼낼 때, 서로 다른 순서로 공이 나오는 경우의 수를 구하시오.

◦ Key Point

빨간 공이 첫째 번으로 나올 때의 나뭇가지 그림을 그려 봅니다.

2 정수는 보이스카우트에서 색깔이 있는 깃발을 걸어 서로 다른 뜻의 신호를 보내는 법을 배웠습니다. 깃대 하나와 빨간색, 파란색, 흰색 깃발이 1개씩 있을 때, 보낼 수 있는 신호는 몇 가지인지 구하시오.

깃발을 1개, 2개, 3개 거는 경우로 나누어서 생각합니다.

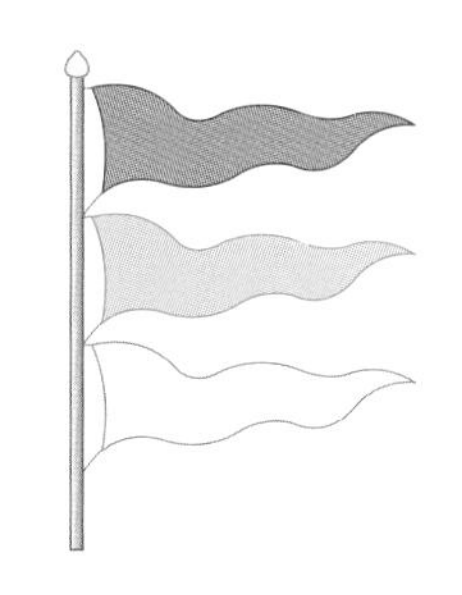

유형 11-2 나뭇가지 그림

4명의 아이들이 똑같이 생긴 모자를 벗어 놓고 놀다가 다시 모자를 쓸 때, 4명 모두 다른 사람의 모자를 쓰는 경우의 수를 구하시오.

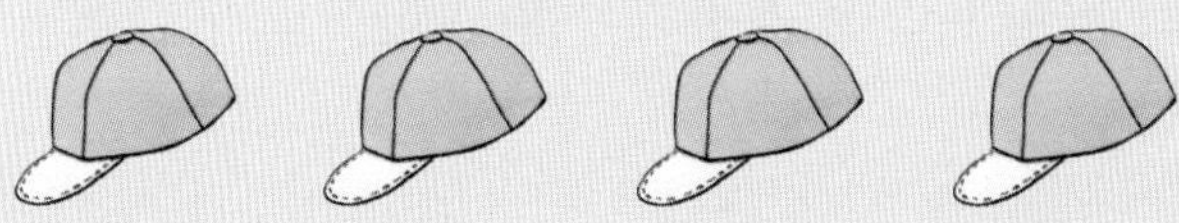

1 한 명의 아이가 자신의 모자가 아닌 다른 사람의 모자를 고르게 되는 경우의 수는 얼마입니까?

2 4명의 아이들을 가, 나, 다, 라라고 하고 이들의 모자를 ㄱ, ㄴ, ㄷ, ㄹ이라고 할 때, 가가 ㄴ 모자를 고르는 경우의 나뭇가지 그림을 완성하여 보시오.

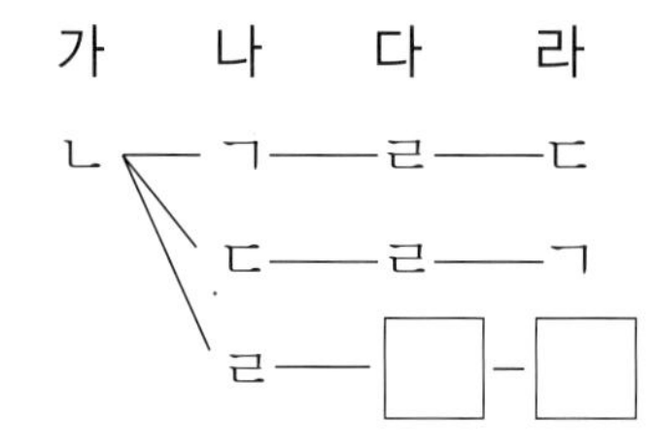

3 가가 ㄴ 모자를 고르는 경우의 수는 얼마입니까?

4 가가 ㄷ, ㄹ 모자를 고르는 경우도 같으므로 4명 모두 다른 사람의 모자를 쓰는 경우의 수를 곱셈을 이용하여 구할 수 있습니다. 빈 칸에 알맞은 수를 써 넣으시오.

$$3 \times 3 = \square$$

5 3명의 아이들이 똑같은 모자를 벗어 놓았다가 다시 쓸 때, 3명 모두 다른 사람의 모자를 쓰는 경우의 수를 구하시오.

확인문제

◦ Key Point

조건에 맞게 나뭇가지 그림을 그려 봅니다.

1 다음을 만족하는 경우의 수를 구하시오.

- A, B, C, D를 모두 이어 씁니다.
- A는 B보다 왼쪽에 씁니다.
- B와 C는 붙여 쓰지 않습니다.

순이네 섬에서 나, 다로 가는 각각의 경우에 나뭇가지 그림을 그려서 가짓수를 알아봅니다.

2 남해의 한 작은 섬에 사는 순이는 육지로 가기 위해 배를 타야 합니다. 하지만 순이가 사는 섬은 육지로 바로 가는 배가 없습니다. 다음은 순이네 섬 주위의 배의 항로를 나타낸 그림입니다. 순이가 배를 타고 육지로 가는 방법은 모두 몇 가지인지 구하시오.(단, 한 번 지나간 곳은 다시 지날 수 없습니다.)

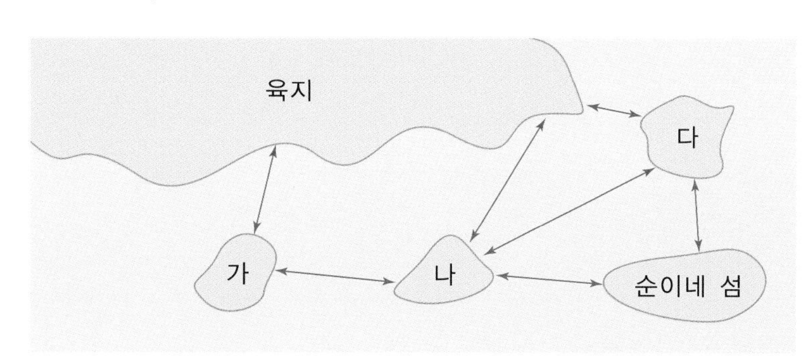

창의사고력 다지기

1 미술 시간에 선생님께서 노란색, 빨간색, 파란색, 보라색, 검은색, 흰색 중 두 가지 색만 사용해서 그림을 그려 보라고 하셨습니다. 그림에 사용할 두 가지 색을 고르는 서로 다른 방법은 모두 몇 가지입니까?

2 수진, 동오, 재석, 홍철 4명의 아이들이 방석에 앉아 자리바꾸기 놀이를 하고 있습니다. 4개의 방석에 한 명씩 앉아 있는데, 동시에 일어나 자신의 자리가 아닌 다른 자리에 앉는 경우의 수를 구하시오.

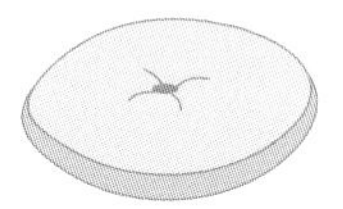 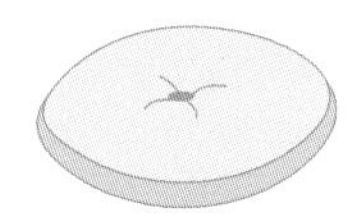 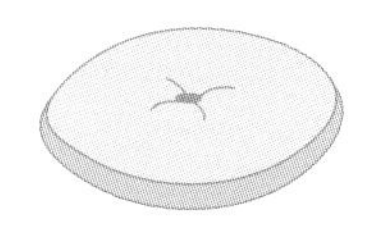 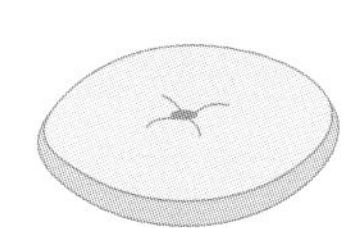

3 다음을 만족하는 경우의 수를 구하시오

- 숫자 0, 1, 2, 3을 사용하여 만든 세 자리 수입니다.
- 0은 1보다 오른쪽에 있을 수 없습니다.
- 같은 숫자를 두 번 사용할 수 없습니다.

4 가, 나, 다, 라 네 개의 주머니에 빨간색, 파란색, 노란색 공을 1개씩 넣는 경우의 수를 구하시오.

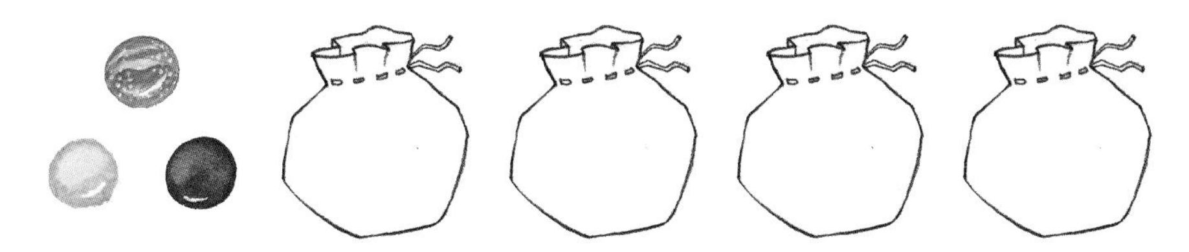

12 프로베니우스의 동전

개념학습 동전 바꾸기

주어진 동전의 종류와 개수로 정해진 금액을 만들려고 할 때, 다음과 같은 방법으로 동전을 교환하여 조건에 맞게 만듭니다.

① 동전의 개수에 상관없이 주어진 종류의 동전으로 총 금액을 만듭니다.

② 동전의 총 금액에 맞게 동전을 교환할 때, 전체 동전의 개수의 변화량을 살펴보며 주어진 동전의 개수에 맞춥니다.

동전 바꾸기	500 → 100, 100, 100, 100, 100	100 → 50, 50
동전의 총 개수의 변화량	4개가 늘어남	1개가 늘어남

예제 형준이의 주머니에는 50원짜리, 100원짜리, 500원짜리 동전이 모두 13개 있습니다. 이 동전들의 금액의 합이 2350원일 때, 형준이는 100원짜리 동전을 몇 개 가지고 있습니까?

강의노트

다음과 같은 차례로 표를 채워가며 동전의 개수를 맞춥니다.

① 큰 금액의 동전을 가능한 많이 사용하여 2350원을 만들면 500원짜리 4개, 100원짜리 3개, 50원짜리 □개가 필요합니다. 이 때, 사용한 동전의 개수는 모두 □개입니다.

② 500원짜리 동전 1개를 100원짜리 동전 5개로 바꾸면 동전의 개수가 □개 늘어나서 동전은 모두 □개가 됩니다.

③ 100원짜리 동전 1개를 50원짜리 동전 2개로 바꾸면 동전의 개수는 □개가 늘어납니다. 따라서 동전은 모두 13개가 됩니다.

	①	②	③
500원(개)	4	3	3
100원(개)	3		
50원(개)	1		
총 개수(개)			

④ 따라서 형준이가 가지고 있는 동전 중 100원짜리 동전은 모두 □개입니다.

개념학습 **프로베니우스의 동전**

3원짜리 동전과 5원짜리 동전으로 지불할 수 있는 금액은 다음과 같이 표를 그려 구합니다.

① 크기가 작은 수인 3을 가로의 칸의 개수로 하여 표를 만든 후 연속하는 수를 차례로 씁니다.

② 만들 수 있는 금액을 찾아 ○표 합니다.

5원짜리 2개와 3원짜리로 만든 금액(원)	5원짜리 1개와 3원짜리로 만든 금액(원)	3원짜리로 만든 금액(원)
1	2	③
4	⑤	⑥
7	⑧	⑨
⑩	⑪	⑫
⑬	⑭	⑮
⑯	⑰	⑱
⋮	⋮	⋮

위와 같이 주어진 두 금액의 공약수가 1뿐인 경우, 두 금액으로 지불할 수 없는 가장 큰 금액은 두 수의 곱에서 두 수의 합을 뺀 값과 같습니다. 위의 표에서 지불할 수 없는 가장 큰 금액은 $3\times5-(3+5)=7$(원)입니다.

예제 4원짜리 우표와 5원짜리 우표가 있습니다. 이 두 종류의 우표를 사용하여 지불할 수 없는 우편 요금 중 가장 큰 금액은 얼마입니까?

강의노트

① 1부터 한 줄에 □개씩 금액을 쓰면 오른쪽 표와 같습니다.

1	2	3	4
5	6	7	8
9	10	11	12
13	14	15	16
17	18	19	20
21	22	23	24
25	26	27	28
⋮	⋮	⋮	⋮

② 다음과 같은 방법으로 지불할 수 있는 금액을 오른쪽 표에서 찾아 ○표 합니다.

ㄱ. 4원짜리 우표만 사용하면 4원과 그 아랫줄에 있는 금액을 모두 지불할 수 있습니다.

ㄴ. 5원짜리 우표 1장과 4원짜리 우표를 사용하면 5원과 그 아랫줄에 있는 금액을 모두 지불할 수 있습니다.

ㄷ. 5원짜리 우표 □장과 4원짜리 우표를 사용하면 10원과 그 아랫줄에 있는 금액을 모두 지불할 수 있습니다.

ㄹ. 5원짜리 우표 □장과 4원짜리 우표를 사용하면 15원과 그 아랫줄에 있는 금액을 모두 지불할 수 있습니다.

③ 따라서 5원짜리 우표와 8원짜리 우표를 사용하여 지불할 수 없는 가장 큰 우편 요금은 □원입니다.

유형 12-1 거스름돈 없이 지불하기

진영이는 1000원짜리 지폐 2장과 500원짜리, 100원짜리, 50원짜리 동전을 각각 5개씩 가지고 있습니다. 마트에서 2000원짜리 아이스크림을 사고 거스름돈 없이 돈을 지불하려고 합니다. 돈을 지불할 수 있는 방법은 모두 몇 가지입니까?

1 금액이 큰 지폐나 동전을 가능한 많이 사용한 경우부터 차례로 찾아봅니다. 먼저 지폐만 사용하여 2000원을 지불할 수 있는 방법은 한 가지입니다. 1000원짜리 지폐 1장과 동전으로 2000원을 지불할 수 있는 방법을 찾아 다음 표를 완성하시오.

1000원(장)	500원(개)	100원(개)	50원(개)
2	0	0	0
1	2	0	0

2 동전만 사용하여 2000원을 지불할 수 있는 방법을 찾아 다음 표를 완성하시오.

1000원(장)	500원(개)	100원(개)	50원(개)
0	4	0	0

3 돈을 지불할 수 있는 방법은 모두 몇 가지입니까?

확인문제

1 다음과 같이 500원, 100원, 50원, 10원짜리 동전이 각각 5개씩 있습니다. 이 동전으로 1600원을 만드는 방법은 모두 몇 가지입니까?

Key Point

500원짜리 동전을 3개, 2개 사용하는 경우로 나누어 생각해 봅니다.

2 현주는 지우개, 연필, 공책을 모두 합해서 9개를 사고 거스름돈 없이 3300원을 지불하였습니다. 현주가 산 학용품 중에서 지우개는 모두 몇 개입니까?

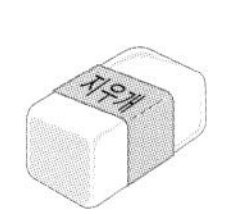

100원

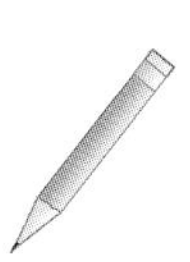
400원

800원

개수에 상관없이 주어진 학용품의 가격으로 3300원을 맞추어 봅니다. 그 다음 학용품의 개수를 서로 바꾸어 가며 학용품의 총 개수가 9개가 되도록 만들어 봅니다.

공책(권)	연필(자루)	지우개(개)	총 개수(개)
4	0	1	5
3			

유형 12-2 과녁 맞히기

다음 그림과 같은 과녁이 있습니다. 화살을 여러 번 쏘았을 때, 나올 수 없는 점수 중 가장 큰 점수는 얼마입니까?

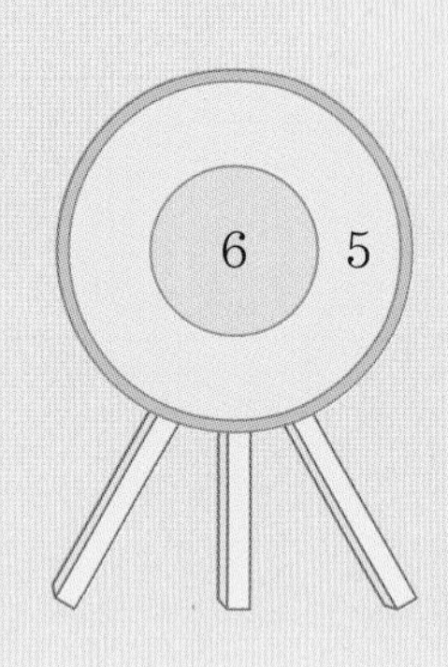

1 다음 표에서 나올 수 있는 점수에 ○표 하고, 빈 칸에 점수를 만드는 방법을 써 넣으시오.

6점짜리 1개와 5점짜리를 □개로 만든 점수	6점짜리 2개와 5점짜리를 □개로 만든 점수	6점짜리 3개와 5점짜리를 □개로 만든 점수	6점짜리 4개와 5점짜리를 □개로 만든 점수	5점짜리 □개로 만든 점수
(6×1+5×□)점	(6×2+5×□)점			
1	2	3	4	5
6	7	8	9	10
11	12	13	14	15
16	17	18	19	20
21	22	23	24	25
26	27	28	29	30
⋮	⋮	⋮	⋮	⋮

2 나올 수 없는 점수 중 가장 큰 점수는 얼마입니까?

3 위의 과녁판에서 나올 수 없는 점수는 모두 몇 가지입니까?

확인문제

Key Point

다음 표에서 얻을 수 있는 점수의 아랫줄은 모두 얻을 수 있는 점수입니다.

1	2	3	④
5	6	7	⑧
9	10	11	⑫
13	14	15	⑯
17	18	19	⑳
21	22	23	㉔
25	26	27	㉘
⋮	⋮	⋮	⋮

1 현중이는 다음과 같은 과녁에 다트던지기 게임을 하고 있습니다. 다트는 얼마든지 던질 수 있고, 과녁에 맞힌 점수의 합이 형준이의 점수가 됩니다. 형준이의 점수가 될 수 없는 가장 높은 점수는 몇 점입니까?

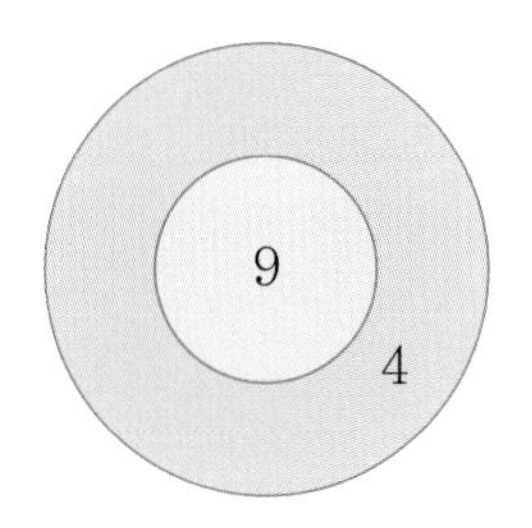

7cm짜리 막대를 0번, 1번, 2번, 3번 사용할 경우로 나누어 생각해 봅니다.

2 호철이는 다음과 같은 2가지 길이의 막대 여러 개를 이용하여 잴 수 없는 길이를 알아보고 있습니다. 막대를 옆으로만 이어 붙여서 길이를 잴 때, 잴 수 없는 길이 중 가장 긴 길이는 몇 cm입니까?

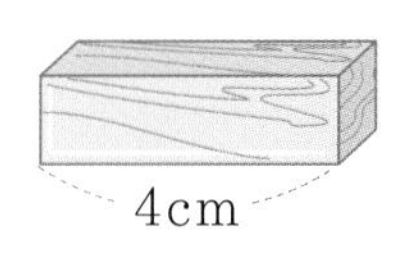

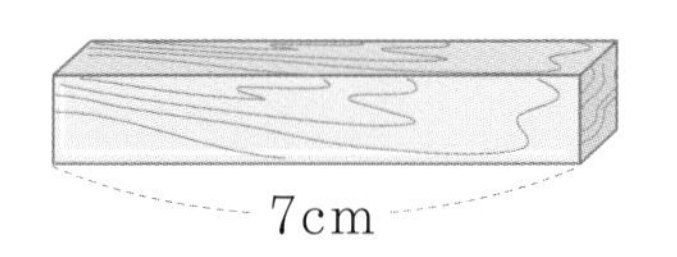

창의사고력 다지기

1 기현이는 50원짜리, 100원짜리, 300원짜리 편지봉투를 모두 9장 사고 1400원을 지불하였습니다. 기현이는 같은 종류의 편지봉투를 5장보다 많이 사지는 않았다고 할 때, 50원짜리 편지 봉투는 모두 몇 장을 샀습니까?

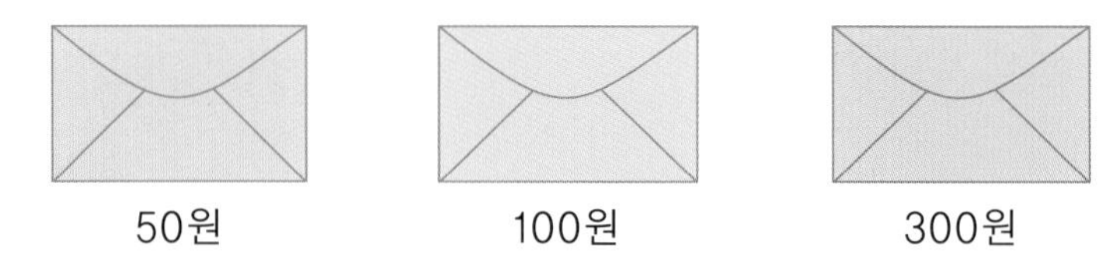

2 양팔저울 1개와 5g, 7g짜리 추가 여러 개 있습니다. 추는 양팔저울의 오른쪽에만 올려놓을 수 있을 때, 잴 수 없는 무게는 모두 몇 가지입니까?

3 영철이는 가게에서 8350원짜리 물건을 사고 10000원을 냈습니다. 가게 주인은 현재 500원짜리, 100원짜리, 50원짜리, 10원짜리 동전을 각각 5개씩 가지고 있습니다. 가게 주인이 5가지 종류의 동전 중에서 10개의 동전으로 거스름돈을 주는 방법은 모두 몇 가지입니까? 또, □ 안에 알맞은 수를 써 넣어 그 방법을 설명하시오.

① 500원 : □개 , 100원 : □개 , 50원 : □개 , 10원 : □개

② 500원 : □개 , 100원 : □개 , 50원 : □개 , 10원 : □개

4 현숙이와 정욱이는 다음과 같은 두 종류의 과녁 중 한 가지를 선택하여 여러 개의 화살을 쏘려고 합니다. 화살을 쏘아서 나올 수 있는 점수의 가짓수가 더 많은 사람이 이긴다고 할 때, 어느 과녁을 선택하는 것이 더 유리합니까? (단, 감점은 없습니다.)

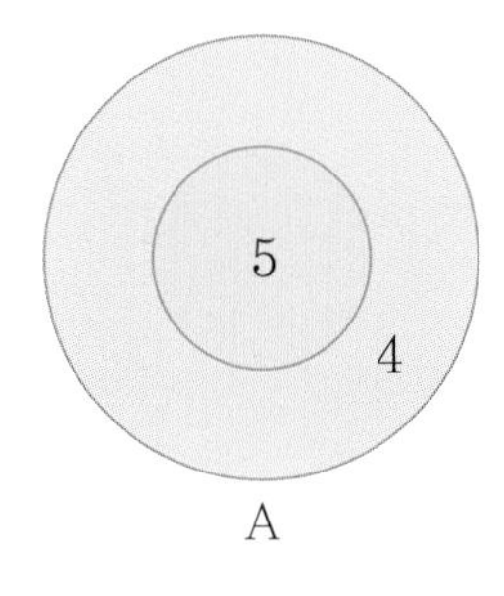

A

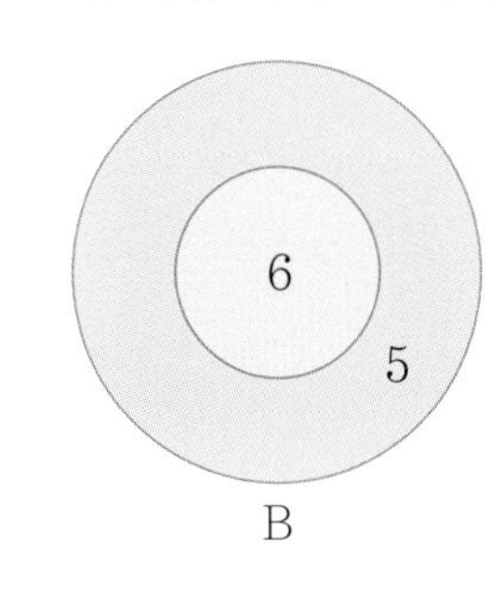

B

Memo

X 규칙과 문제해결력

13 거리와 속력

14 과부족

15 재치있게 풀기

규칙과 문제해결력

13 거리와 속력

개념학습 두 사람이 만날 때까지 걸리는 시간

① 두 사람이 서로 다른 방향으로 출발하여 만날 때까지 걸리는 시간은 (두 사람 사이의 거리)÷(빠르기의 합)과 같습니다.

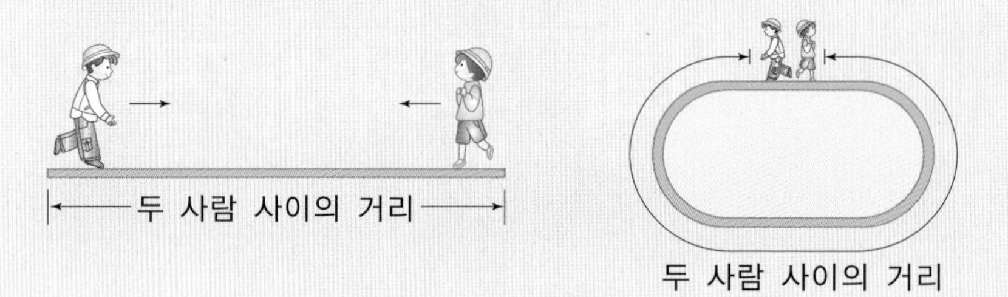

② 두 사람이 같은 방향으로 움직여 처음으로 만날 때까지 걸리는 시간은 (따라잡아야 할 거리)÷(빠르기의 차)와 같습니다.

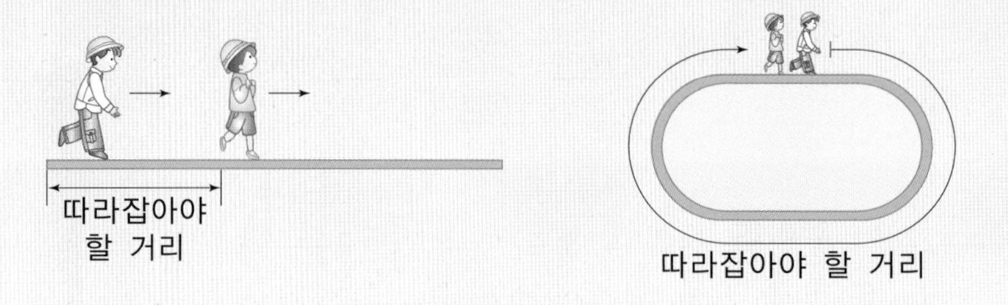

예제 정은이와 윤주가 각자 집에서 동시에 출발하여 10분 후에 만났습니다. 정은이는 1분에 50m를 걷고, 윤주는 1분에 40m를 걷는다면, 정은이와 윤주네 집 사이의 거리는 몇 m입니까?

강의노트

① 정은이는 1분에 50m, 윤주는 1분에 40m씩 서로를 향해서 걸으므로 1분 동안 두 사람 사이의 거리는 ☐m씩 줄어듭니다.

② 두 집 사이의 거리는 10분 동안 두 사람 사이의 줄어든 거리와 같습니다.
따라서 두 집 사이의 거리는 10×☐=☐(m)입니다.

개념학습 터널 통과하기

기차가 터널을 완전히 통과하기 위해서 움직여야 하는 거리는 터널의 길이와 기차의 길이를 합한 것과 같습니다.

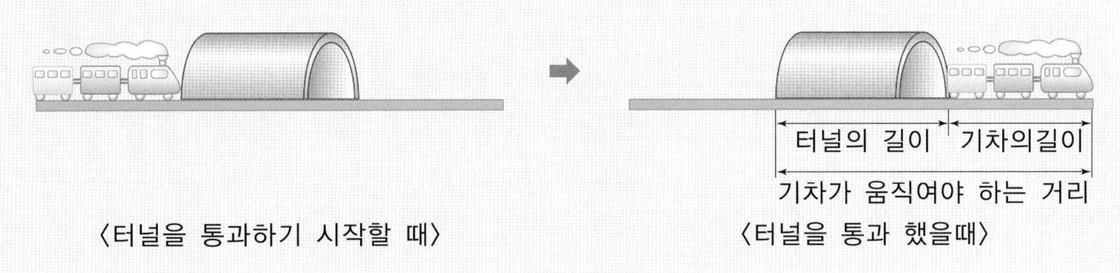

예제 1분에 150m를 달리는 기차가 1300m 길이의 터널을 완전히 빠져 나오는 데 걸리는 시간은 몇 분입니까? (단, 기차의 길이는 50m입니다.)

강의노트

① 기차가 지나가야 하는 터널의 길이는 1300m이고, 기차의 길이는 50m이므로 기차가 움직여야 하는 거리는 ☐m입니다.

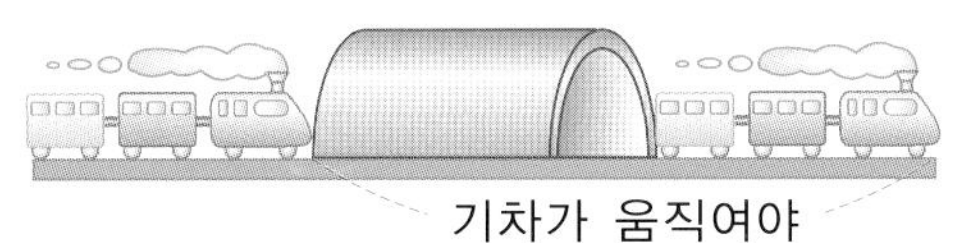

② 기차는 1분에 150m를 움직이므로 터널을 완전히 빠져나오는 데 걸리는 시간은

☐ $\div 150 =$ ☐(분)입니다.

유제 길이가 80m인 기차가 있습니다. 이 기차는 1분 동안 700m를 달린다고 할 때, 8320m 길이의 다리를 완전히 통과하는 데 걸리는 시간은 얼마입니까?

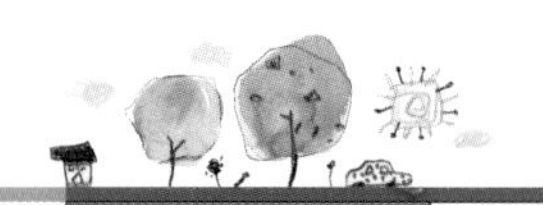

유형 13-1 따라잡기

은호와 지우가 운동장 둘레를 돌고 있습니다. 은호는 1분에 80m의 빠르기로, 지우는 1분에 60m의 빠르기로 걷는다고 할 때, 같은 곳에서 동시에 출발하며 서로 반대 방향으로 돌면 10분 후에 만납니다. 만약 두 사람이 같은 곳에서 동시에 출발하여 같은 방향으로 걷기 시작하면 몇 분 후에 다시 만나겠습니까?

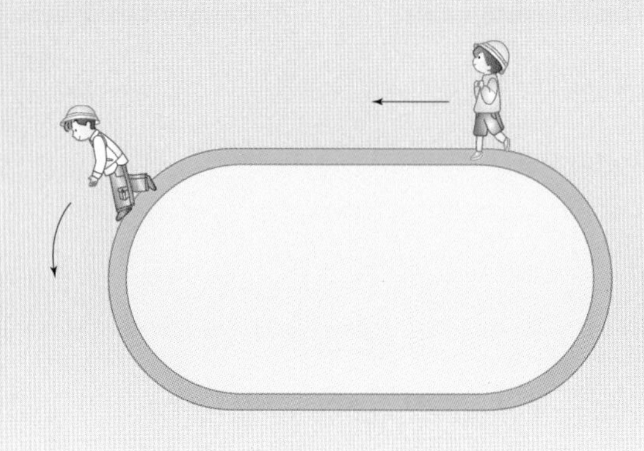

1 은호는 1분에 80m, 지우는 1분에 60m의 빠르기로 반대 방향으로 걸으면 10분 후에 만납니다. 10분 동안 두 사람이 걸은 거리의 합과 운동장의 둘레의 길이를 각각 구하시오.

2 두 사람이 같은 곳에서 출발하여 같은 방향으로 걷기 시작하면 은호가 지우보다 앞서게 됩니다. 두 사람이 다시 만날 때까지 은호는 지우보다 운동장을 몇 바퀴 더 많이 걷습니까?

3 두 사람은 몇 분 후에 다시 만납니까?

확인문제

◦ Key Point

1 준기는 자전거를 타고 10초에 150m를 가고, 영은이는 뛰어서 6초에 30m를 갑니다. 준기와 영은이가 같은 곳에서 동시에 출발하여 서로 반대 방향으로 연못 주위를 돌면 15초 후에 만납니다. 연못의 둘레를 구하시오.

두 사람이 1초 동안 움직인 거리를 각각 구합니다.

2 진영이와 효주가 둘레의 길이가 600m인 원형도로를 따라 걷고 있습니다. 두 사람이 같은 곳에서 출발하여 반대 방향으로 돌면 2분 후에 만나고, 같은 곳에서 같은 방향으로 돌면 6분 후에 처음 만납니다. 진영이는 1분에 몇 m를 걷습니까?
(단, 진영이가 효주보다 더 빠르게 걷습니다.)

두 사람이 2분 동안 걸은 거리의 합은 원형도로의 길이와 같습니다.

유형 13-2 다리 통과하기

어떤 기차가 길이가 350m인 다리를 지나는 데 15초가 걸립니다. 이 기차가 같은 빠르기로 600m인 다리를 지나는 데 25초가 걸린다면, 기차의 길이는 몇 m입니까?

1 350m인 다리를 지나는 데 15초가 걸리고, 600m인 다리를 지나는 데 25초가 걸립니다. 이 기차가 250m를 지나는 데는 몇 초가 걸립니까?

2 기차가 15초 동안 움직인 거리를 구하시오.

3 기차는 15초 동안 350m인 다리를 통과합니다. 이 기차의 길이를 구하시오.

4 이 기차가 같은 빠르기로 어떤 터널을 지나는 데 20초가 걸렸다면, 터널의 길이는 몇 m입니까? (단, 기차의 길이는 70m입니다.)

확인문제

1 일정한 빠르기로 달리고 있는 기차가 있습니다. 이 기차가 80m의 터널을 지나는 데 7초가 걸리고, 56m의 다리를 건너는데 4초가 걸린다고 합니다. 이 기차가 1초 동안 달린 거리를 구하시오.

Key Point

기차가 3초 동안 달리는 거리가 얼마인지 구합니다.

2 1초에 12m를 달리는 기차가 있습니다. 이 기차가 어느 철교를 완전히 통과하는 데 25초가 걸립니다. 기차의 길이가 85m일 때 철교의 길이를 구하시오.

기차가 철교를 완전히 통과하려면 철교의 길이와 기차의 길이를 더한 거리 만큼 움직여야 합니다.

창의사고력 다지기

1 A, B 두 사람이 자동차를 타고 같은 방향으로 달리고 있습니다. A는 뒤에서 한 시간에 64km, B는 앞에서 한 시간에 50km를 달립니다. 두 자동차 사이의 거리가 70km라면 A는 B를 몇 시간 후에 따라 잡을 수 있습니까?

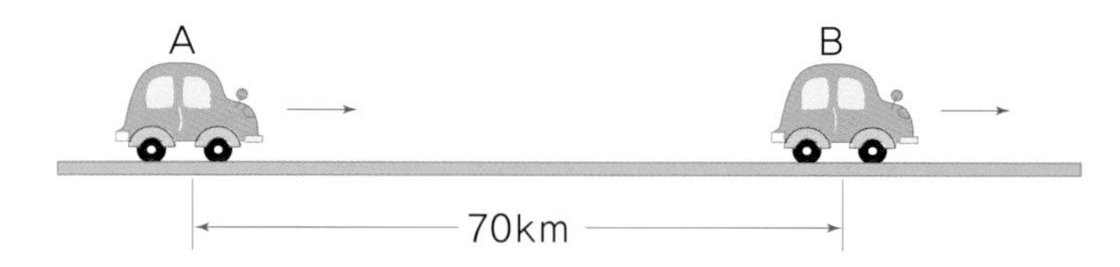

2 성빈이와 유리가 둘레가 300m인 원형트랙을 따라 일정한 빠르기로 같은 방향으로 걷고 있습니다. 성빈이가 유리보다 뒤쪽에서 동시에 출발하여 4분 후에 처음으로 유리를 따라잡고, 출발한 지 19분이 지났을 때 둘째 번으로 따라잡았습니다. 성빈이는 유리보다 몇 m 뒤에서 출발하였습니까?

3 1분에 350m를 가는 기차가 1.5km의 터널을 통과할 때, 3분 동안 기차의 모양이 터널에 가려져 전혀 보이지 않았다고 합니다. 기차의 길이는 몇 m입니까?

4 수민이와 준희네 집은 2km 떨어져 있습니다. 수민이와 준희는 중간에서 만나기로 하고 각자의 집에서 동시에 출발하였습니다. 수민이는 1분에 50m를 걷고 준희는 1분에 30m를 걷습니다. 이 때, 수민이가 데리고 나온 강아지는 1분에 100m의 빠르기로 준희를 향해 달리다가 준희를 만나면 수민이를 향해 다시 달리고, 수민이를 만나면 다시 준희를 향해 달리기를 반복하고 있습니다. 수민이와 준희가 만날 때까지 이와 같은 방법으로 달렸다면 강아지가 달린 거리는 모두 몇 m인지 구하시오.

14 과부족

개념학습 **나머지**

어떤 수를 3과 5로 나눌 때 남거나 모자라는 수가 같은 경우, 어떤 수는 3과 5의 공배수에 남거나 모자라는 수를 더하거나 뺀 수입니다.
예를 들어 3과 5로 나눈 나머지가 모두 1인 경우, 어떤 수는 3과 5의 공배수보다 1 큰 수입니다.

(3과 5의 공배수)+1 ➡ 16, 31, 46, ⋯

3과 5로 나눈 나머지가 각각 1과 3인 경우, 어떤 수는 3과 5의 공배수보다 2 작은 수입니다.

(3과 5의 공배수)−2 ➡ 13, 28, 43, ⋯

예제 세 자리 수 중에서 3으로 나눌 때와 7로 나눌 때의 나머지가 모두 2인 가장 작은 수를 구하시오.

강의노트

① 3으로 나눌 때와 7로 나눌 때 모두 나누어떨어지는 수는 3과 7의 [ ]입니다.

② 3과 7로 나누었을 때 모두 나머지가 2인 수는 3과 7의 공배수보다 2 큰 수이므로 23, 44, [ ], [ ], [ ], ⋯입니다.

③ 따라서 조건에 맞는 가장 작은 세 자리 수는 [ ]입니다.

유제 어떤 수를 4로 나누면 나머지가 3이고, 6으로 나누면 나머지가 5입니다. 이러한 수 중 가장 작은 두 자리 수는 무엇입니까?

개념학습 **남음과 모자람**

놀이터에 있는 아이들에게 비스킷을 2조각씩 나누어 주었더니 5조각이 남아서 1조각씩 더 나누어 주었더니 이번에는 1조각이 부족했습니다. 이 때, 놀이터에 있는 아이들의 수를 구하는 방법은 다음과 같습니다.

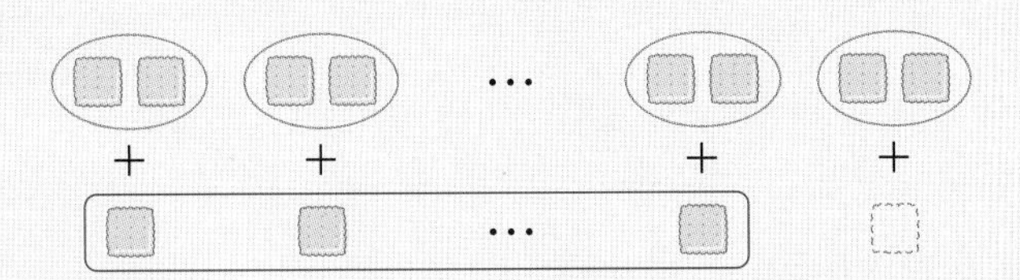

아이들에게 비스킷을 1조각씩 더 나누어 주는 데 필요한 비스킷의 개수는, 2개씩 나누어 주었을 때 남은 비스킷의 개수와 1개씩 더 나누어 주었을 때 모자라는 비스킷의 개수의 합인 5+1=6(개)입니다. 따라서 놀이터에 있는 아이들은 모두 6명입니다.

예제 강당의 긴 의자에 5학년 3반 아이들이 의자 하나에 5명씩 앉았더니 8명이 앉을 자리가 모자랐습니다. 그래서 6명씩 앉았더니 이번에는 자리가 2개 남았습니다. 5학년 3반 아이들은 모두 몇 명입니까?

강의노트

① 5명씩 앉았다가 6명씩 앉으면 의자 1개당 ☐명이 더 앉을 수 있습니다.

② 6명씩 앉았을 때에는 5명씩 앉았을 때에 앉지 못했던 8명이 모두 앉고도 자리가 2개 남으므로 앉을 수 있는 인원이 모두 ☐명이 늘어납니다.

③ 따라서 의자는 모두 ☐개이고, 5학년 3반 아이들은 5×☐+8=☐(명)입니다.

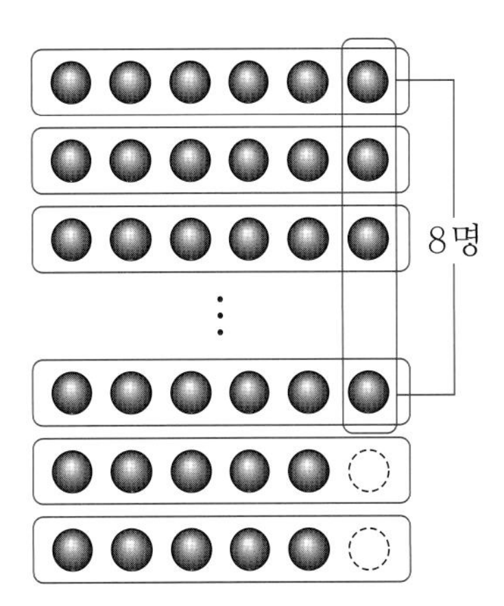

유제 구슬을 유리병에 나누어 담으려고 하는데 유리병에 구슬을 3개씩 담으면 구슬 5개가 남고, 4개씩 담으면 마지막 유리병에 들어갈 구슬 중 2개가 부족합니다. 구슬은 모두 몇 개입니까?

유형 14-1 남음과 모자람

미현이는 가지고 있는 바둑돌로 작은 정사각형을 만들었더니 30개가 남고, 가로, 세로로 2줄씩 더 늘려 큰 정사각형을 만들었더니 6개 모자랐습니다. 미현이가 가지고 있는 바둑돌은 모두 몇 개입니까?

1 남은 30개의 바둑돌로 가로, 세로를 두 줄씩 늘리면 6개가 모자랍니다. 가로, 세로로 두 줄씩 늘리는 데 필요한 바둑돌은 몇 개입니까?

2 그림과 같이 처음의 작은 정사각형의 한 줄에 놓인 바둑돌의 개수가 ㉠개일 때, 가로, 세로로 두 줄씩 늘리는 데 필요한 바둑돌의 개수를 ㉠을 사용한 식으로 나타내시오.

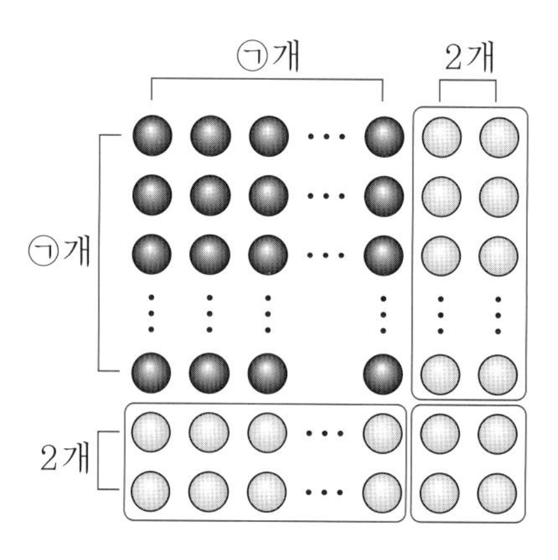

3 **1**, **2**에서 처음의 작은 정사각형의 한 줄에 놓인 바둑돌의 개수 ㉠을 구하시오.

4 미현이가 가지고 있던 바둑돌의 개수를 구하시오.

확인문제

1 팩토 초등학교 5학년 아이들이 음악회에 갔습니다. 긴 의자 1개에 4명씩 앉았더니 12명이 앉을 수가 없었습니다. 그래서 5명씩 앉았더니 마지막으로 앉은 의자에는 빈자리가 없었고 긴 의자가 6개 남았습니다. 음악회에 간 아이들은 모두 몇 명입니까?

◦ Key Point

의자의 개수가 모두 몇 개인지 먼저 구해 봅니다.

2 수현이네 학교 5학년 학생들이 체험학습을 가는데, 40명이 탈 수 있는 버스가 7대 필요하다고 합니다. 5학년 학생들의 수가 가장 적을 경우 몇 명이고, 가장 많을 경우 몇 명인지 각각 구하시오.

6대의 버스에는 $40 \times 6 = 240$(명)까지 탈 수 있습니다.

유형 14-2 나머지의 활용

다음 | 조건 |을 모두 만족하는 가장 작은 세 자리 수를 구하시오.

조건
① 어떤 수를 3으로 나눈 나머지는 1입니다.
② 어떤 수를 4로 나눈 나머지는 2입니다.
③ 어떤 수는 10으로 나누어 떨어집니다.

1 | 조건 | ①, ②에서 어떤 수는 3의 배수보다 2 작은 수, 4의 배수보다 2 작은 수입니다. 따라서 3과 4의 ☐보다 ☐ 작은 수입니다.

2 | 조건 | ①, ②를 만족하는 수를 작은 수부터 차례로 쓰시오.

3 **2**에서 구한 수들의 규칙을 찾아, | 조건 | ①, ②를 만족하는 수 중 10으로 나누어 떨어지는 수를 작은 수부터 차례로 쓰시오.

4 | 조건 |을 모두 만족하는 가장 작은 세 자리 수는 얼마입니까?

확인문제

1 5로 나누면 나머지가 3, 4로 나누면 나머지가 2인 두 자리 수는 모두 몇 개입니까?

Key Point
(5와 4의 공배수)−2인 수를 찾아봅니다.

2 다음 | 조건 |을 모두 만족하는 가장 작은 수를 구하시오.

조건
① 어떤 수를 9로 나눈 나머지는 2입니다.
② 어떤 수를 4로 나눈 나머지는 3입니다.
③ 어떤 수를 5로 나눈 나머지는 3입니다.

②와 ③의 조건을 모두 만족하는 수를 먼저 찾아봅니다.

창의사고력 다지기

1 어떤 수를 3과 4로 나누면 나머지는 모두 2이고, 어떤 수로 100을 나누면 나누어 떨어집니다. 어떤 수는 얼마입니까?

2 어떤 수를 3으로 나누면 나머지가 2, 4로 나누면 나머지가 3, 5로 나누면 나머지가 4입니다. 어떤 수 중에서 500에 가장 가까운 수를 구하시오.

3 자전거 가게에 자전거 한 대가 진열되어 있습니다. 재석이가 가진 돈으로 자전거를 사려면 30000원이 더 필요하고, 상진이가 가진 돈으로 자전거를 사려면 32000원이 더 필요합니다. 그런데 두 사람이 가진 돈을 합하면 자전거의 가격과 같아진다고 합니다. 자전거 한 대의 가격은 얼마입니까?

4 성준이와 정민이는 같은 액수의 돈을 가지고 여행을 떠났습니다. 성준이는 하루에 5000원, 정민이는 하루에 4600원씩 사용하였고, 여행을 마친 후 성준이와 정민이는 각각 800원, 4400원이 남았습니다. 두 사람이 여행을 떠날 때 가지고 간 돈은 얼마입니까?

15 재치있게 풀기

개념학습 재치 문제

재치 문제는 한눈에 보기에는 쉬워 보이지만 그 속에 함정이 있음에 주의해야 하고, 복잡해 보이는 문제도 기발한 재치를 이용하면 쉽게 풀립니다.

① 달팽이 우물 오르기

달팽이가 10m 높이의 우물을 올라가는 데 낮에는 3m 올라가고 밤에는 2m 미끄러져 내려온다고 합니다. 이 달팽이는 낮에는 올라가고 밤에는 미끄러져 하루에 1m 올라가는 셈인데, 10m 높이의 우물을 빠져나오려면 10일이 걸린다고 생각하기 쉽습니다. 하지만 7일째 되는 날 7m 높이에 있으므로 8일 낮에 3m를 올라가면 우물을 빠져나갈 수 있습니다.

② 빈 병 문제

빈 병 3개를 주면 새 음료수 1병을 준다고 할 때, 음료수 9병을 사면 최대 13병의 음료수를 마실 수 있습니다.

13병

예제 승민이의 엄마는 아들만 일곱 명 있습니다. 첫째 아들은 일구, 둘째 아들은 이구, 셋째 아들은 삼구, 넷째 아들은 사구, 다섯째 아들은 오구, 여섯 째 아들은 육구입니다. 일곱째 아들의 이름은 무엇입니까?

강의노트

① 승민이 엄마의 아들 중에는 승민이가 있습니다.

② 그런데 첫째부터 여섯 째까지 이름이 승민이가 아니므로 하나 남은 일곱째 아들의 이름은 ☐(이)입니다.

유제 어느 음료수 가게에서는 빈 병 4개를 가져가면 새 음료수 1병을 줍니다. 음료수 13병을 사면 최대 몇 병의 음료수를 마실 수 있습니까?

개념학습 **쥐잡는 고양이**

① 고양이 10마리가 10분 동안 10마리의 쥐를 잡습니다. 고양이 100마리가 100마리의 쥐를 잡는 데 걸리는 시간은 100분이 아니라 10분입니다.

② 어떤 미생물은 하루가 지나면 2배씩 늘어난다고 합니다. 빈 병에 미생물을 넣고 10일이 지나면 병이 미생물로 가득 찬다고 할 때, 미생물이 병의 절반을 채우는 때는 10일이 되기 하루 전인 9일째입니다.

예제 고리가 2개씩 붙어 있는 3개의 쇠사슬을 연결해서 하나의 큰 쇠사슬을 만들려고 합니다. 고리 하나를 끊어서 다시 연결하는 데 10분이 걸린다면, 3개의 쇠사슬을 모두 연결하는데 최소한 몇 분이 걸립니까?

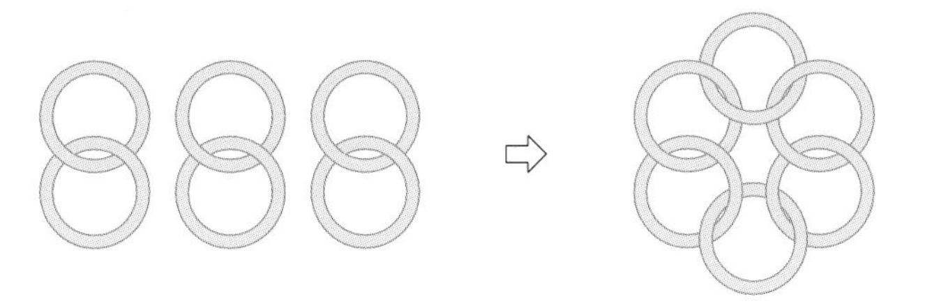

강의노트

① 오른쪽 그림과 같이 3개의 쇠사슬을 연결하면 세 번 연결해야 하기 때문에 ☐분이 걸립니다.

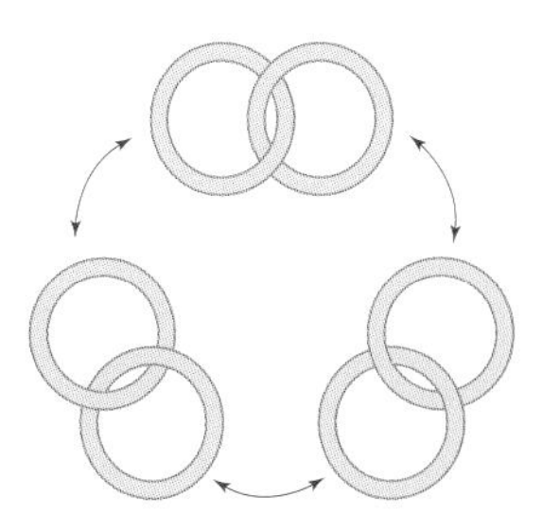

② 오른쪽 그림과 같이 한 쇠사슬의 2개 고리를 모두 끊어서 다른 쇠사슬을 연결하면 두 번만 연결하면 되므로 ☐분이 걸립니다.

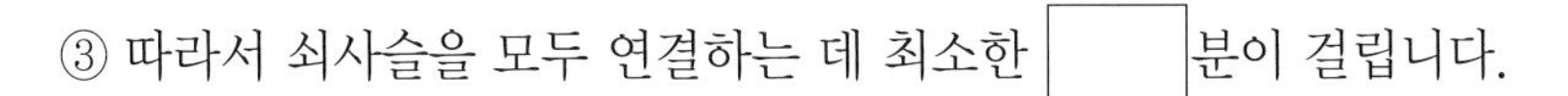

③ 따라서 쇠사슬을 모두 연결하는 데 최소한 ☐분이 걸립니다.

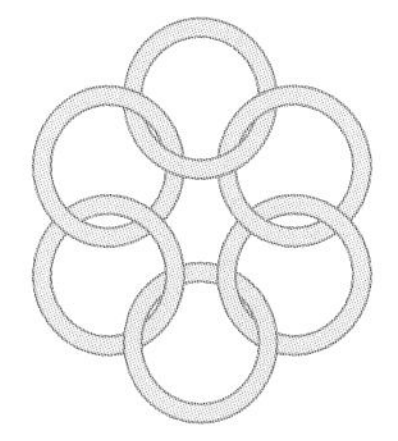

유제 2명이 2분 동안 사과 2개를 먹습니다. 8명이 사과 8개를 먹는데 몇 분이 걸립니까? (단, 사과를 먹는 사람들의 빠르기가 모두 같습니다.)

유형 15-1 2배로 번식하는 버섯

하루에 수가 2배씩 늘어나는 요술 버섯 1개를 동굴에 심었더니면 20일 후 동굴은 버섯으로 가득 찼습니다. 이 버섯을 2개 심었을 때 동굴이 버섯으로 가득 차는 때는 며칠 후입니까?

1 버섯을 1개 심었을 때와 2개 심었을 때 5일간 버섯의 수를 각각 쓰시오.

• 버섯 1개 심었을 때

오늘	1일 후	2일 후	3일 후	4일 후
1개				

• 버섯 2개 심었을 때

오늘	1일 후	2일 후	3일 후	4일 후
2개				

2 버섯을 2개 심으면 1개 심었을 때보다 동굴을 똑같이 채우는 데 며칠이 빨라집니까?

3 버섯을 2개 심으면 동굴이 버섯으로 가득 차는 때는 며칠 후입니까?

4 동굴에 같은 요술 버섯 1개를 심었을 때 동굴의 절반을 가득 채우는 때는 며칠 후입니까?

확인문제

Key Point

1 물에 퍼지는 넓이가 1초에 2배씩 커지는 물감이 있습니다. 지금 넓이 1만큼 물감이 퍼졌으면 1초 후에 2, 2초 후에 4가 됩니다. 파레트에 물을 담고 물감을 한 방울 떨어뜨렸더니 4초 후에 파레트 전체에 물감이 퍼졌습니다. 물감을 두 방울 떨어뜨리면 팔레트 전체에 물감이 퍼지는 데 걸리는 시간은 몇 초입니까?

2방울 떨어뜨리면 1방울 떨어뜨렸을 때보다 같은 넓이에 퍼지는 시간이 1초 빨라집니다.

2 엄청난 빠르기의 우주선이 개발되어 우주 여행의 시대가 열렸습니다. 이 우주선은 빠르기가 점점 빨라지는데, 매일 하루에 그 전날까지 간 거리만큼 간다고 합니다. 1월 1일에 출발하여 이 우주선을 타고 여행하면 12월 31일에 감마 행성에 도착합니다. 지구에서 감마 행성까지의 거리의 $\frac{1}{2}$인 지점에 있는 베타 행성을 지나는 때는 몇 월 며칠입니까?

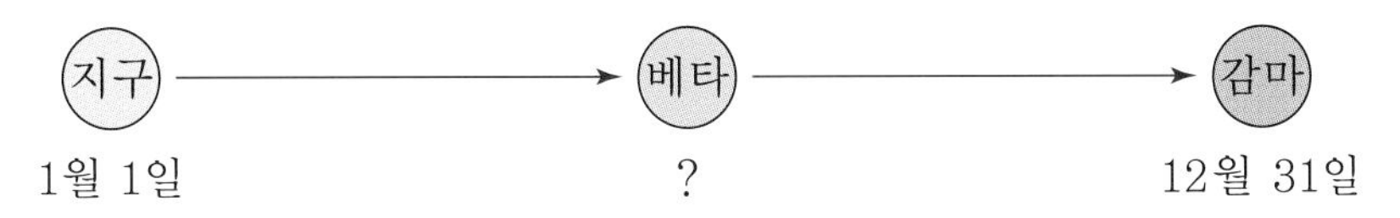

지구로부터의 거리가 매일 2배씩 멀어집니다.

유형 15-2 호떡 굽기

프라이팬에 호떡의 앞면과 뒷면을 굽는 데 각각 1분이 걸립니다. 한 번에 호떡을 2개씩 구울 수 있다면 호떡 3개를 굽는 데 최소한 몇 분이 걸립니까?

1 프라이팬에 호떡 2개를 올려 앞면, 뒷면을 굽고, 남은 1개의 호떡을 구우면 몇 분이 걸립니까?

2 **1**번 방법이 효율적이지 못한 이유는 무엇입니까?

3 3개의 호떡을 ①, ②, ③으로 했을 때, 호떡을 굽는 가장 효율적인 방법을 순서대로 쓴 것입니다. 빈 칸을 채우시오.

프라이팬

1분	①	②
	앞면	앞면
1분	①	
		앞면
1분	②	

4 호떡 3개를 굽는 데 최소한 몇 분이 걸립니까?

5 오븐에 빵을 굽는 데 한 번에 2개씩 구울 수 있고, 앞면, 뒷면을 익히는 데 각각 4분이 걸립니다. 3개의 빵을 가장 빠른 방법으로 굽는 방법을 쓰고, 모두 굽는 데 걸리는 시간을 구하시오.

확인문제

Key Point

1 프라이팬에 계란 프라이를 하는 데 2분을 익힌 후, 뒤집어서 1분을 더 익혀야 합니다. 계란 2개를 한 번에 올릴 수 있는 프라이팬으로 계란 프라이 3개를 만들려면 최소한 몇 분이 걸립니까?

프라이팬의 빈 자리가 되도록 없게 계란을 올리는 방법을 생각해 봅니다.

2 오븐으로 과자를 굽는 데 한 번에 4개까지 구울 수 있고, 앞면, 뒷면을 굽는 데 각각 1분이 걸립니다. 6개의 과자를 모두 굽는 데 적어도 몇 분이 걸립니까?

4개를 모두 굽고 2개를 구우면 오븐에 과자 2개의 자리가 남습니다.

창의사고력 다지기

1 어느 음료수는 3병을 마시고 빈 병을 가져가면 새 음료수 1병을 줍니다. 이 음료수 6병을 사면 최대 몇 병의 음료수를 마실 수 있습니까?

2 달팽이가 5m 높이의 나무를 오르고 있습니다. 나무의 가장 아랫부분에서 시작해서 나무 꼭대기까지 오르는 데 낮에는 50cm를 올라가고, 밤이 되면 10cm를 미끄러져 내려옵니다. 달팽이가 며칠 동안 올라가야 나무 꼭대기에 도착합니까?

3 다음 도형을 선을 따라 나누어 ★을 한 개씩 포함하는 모양과 크기가 같은 4개의 도형을 만드시오.

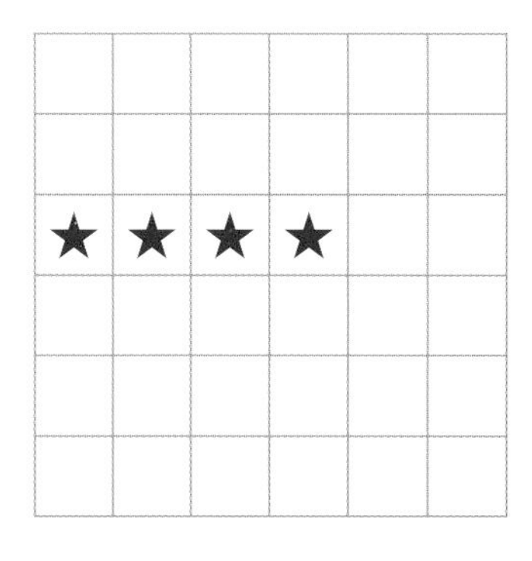

4 농부가 개, 닭, 나물을 가지고 강을 건너려고 합니다. 배에는 한 번 건너는 데 한 가지만 실을 수 있고, 농부가 없으면 개는 닭을 물고, 닭은 나물을 먹습니다. 농부가 가능한 빨리 개, 닭, 나물을 모두 강 건너로 가지고 가는 방법을 설명하시오.

Memo

영재학급, 영재교육원, 경시대회 준비를 위한

창의사고력 초등 수학 팩토

영재학급, 영재교육원, 경시대회 준비를 위한

창의사고력 초등 수학 팩토

바른 답
바른 풀이

Ⅵ 수와 연산

01 여러 가지 곱셈 방법 p.8~p.9

예제 [답] ① 8, 8, 100, 1000, 100000
② 86, 4386

유제 (1) 예 5×32×125
=5×4×8×125
=20×1000
=20000
(2) 예 125×79
=125×(80−1)
=10000−125
=9875

[답] (1) 20000 (2) 9875

예제 [답] ①

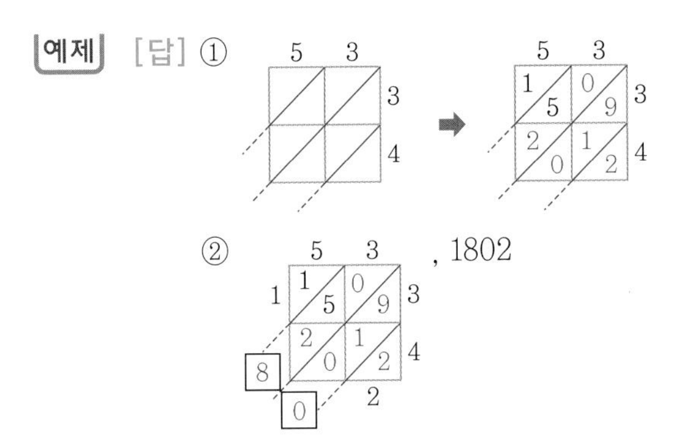

, 1802

유형 01-1 편리한 곱셈 p.10~p.11

1 7×3=21, 8×2=16, 5×5=25로 뒷수를 곱한 값입니다.

[답] 풀이 참조

2 (3+1)×3=12, (6+1)×6=42, (7+1)×7=56으로 {(앞수)+1}×(앞수)입니다.

[답] 풀이 참조

3 84×86=7224
➡ (8+1)×8=72
➡ 4×6=24

55×55=3025
➡ (5+1)×5=30
➡ 5×5=25

[답] 7224, 3025

확인문제

1 뒤의 두 자리 수 : 뒷수를 곱한 값
앞의 두 자리 수 : (앞수를 곱한 값)+(뒷수)

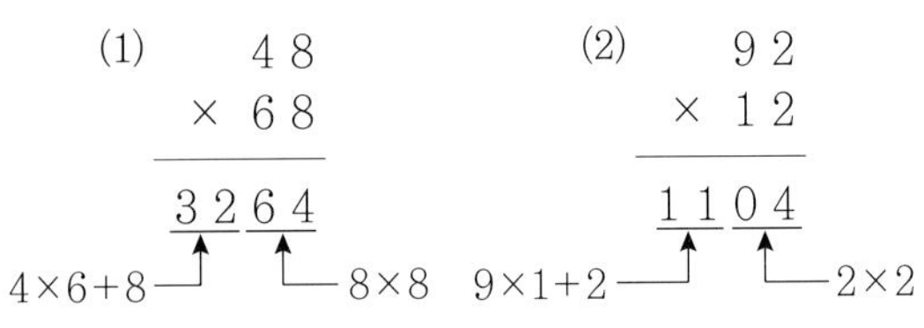

[답] (1) 3264 (2) 1104

2 (1) 19×12=100+110+18=228
(2) 14×18=100+120+32=252

[답] (1) 228 (2) 252

유형 01-2 이집트 곱셈 p.12~p.13

1 [답] 96, 4; 192, 8; 384, 16

2 [답] 2, 16에 ○표

3 [답] 96, 4, 192, 8, 384, 16; 432, 2, 16; 48, 384, 432

확인문제

1

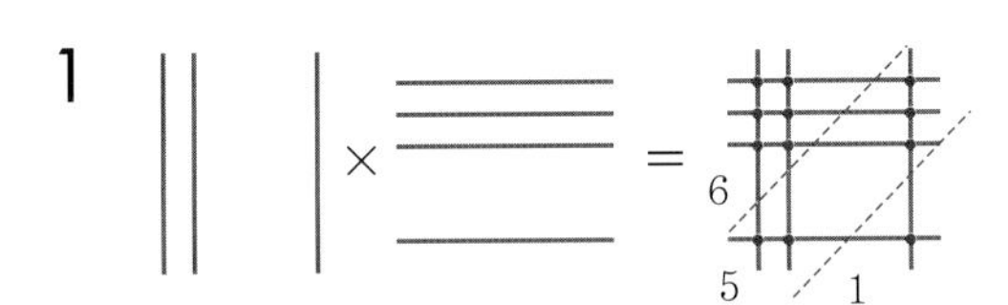

➡ 21×31=651

[답] 풀이 참조

2 (1) 23×52

23	1	
46	2	
92	4	∨
184	8	
368	16	∨
736	32	∨
1196	52	

4+16+32=52
92+368+736=1196

(2) 18×25

18	1	∨
36	2	
72	4	
144	8	∨
288	16	∨
450	25	

1+8+16=25
18+144+288=450

[답] 풀이 참조

창의사고력 다지기 p.14~p.15

1 $2998 \times 3002 = (3000-2) \times (3000+2)$
$= 3000 \times 3000 - 6000 + 6000 - 4$
$= 9000000 - 4$
$= 8999996$

[답] 8999996

2

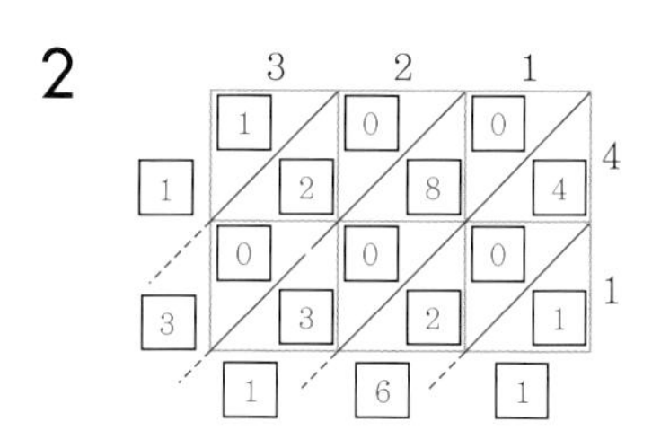

[답] 풀이 참조, 13161

3

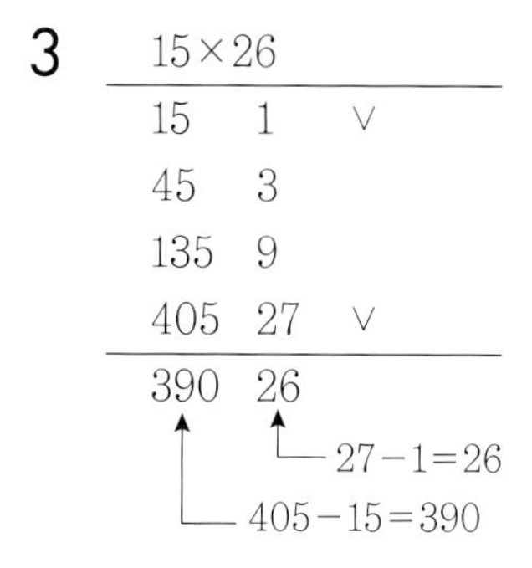

[답] 풀이 참조

4 $19 \times 25 = 475$

∨	19	25	(19를 2로 나누면 나머지가 1입니다.)
∨	9	50	(9를 2로 나누면 나머지가 1입니다.)
	4	100	(4를 2로 나누면 나누어 떨어집니다.)
	2	200	(2를 2로 나누면 나누어 떨어집니다.)
∨	1	400	(1을 2로 나누면 나머지가 1입니다.)
		475	

475 ← $25+50+400=475$

[답] 풀이 참조

02 수와 숫자의 개수 p.16~p.17

예제 [답] ① 999, 10, 1, 990
② 99, 10, 1, 90, 999, 100, 1, 900
③ 3, 90, 900, 2880

유제 수의 개수는 $105-5+1=101$(개)입니다.
이 중 한 자리 수는 $9-5+1=5$(개), 두 자리 수는 $99-10+1=90$(개), 세 자리 수는 $105-100+1=6$(개)입니다.
따라서 숫자의 개수는
$5 \times 1 + 90 \times 2 + 6 \times 3 = 203$(개)입니다.

[답] 101개, 203개

예제 [답] ② 0, 0, 2, 9, 30 ③ 30 ④ 100
⑤ 30, 30, 100, 30, 30, 100, 160

유형 O2-1 숫자의 개수(1) p.18~p.19

1 $89-10+1=80$(개)

[답] 1, 0, 1, 1, 8, 8, 8, 9, 80개

2 $89-10+1=80$(개)

[답] 1, 0, 1, 1, 8, 8, 8, 9, 80개

3 [답] 900, 1개

4 $80+80+1=161$(번)

[답] 161번

확인문제

1 ▨▨2인 경우 ▨▨에 들어갈 수 있는 수는 00부터 34까지이므로 35개,
▨2▨인 경우 ▨ ▨에 들어갈 수 있는 수는 00부터 39까지이므로 40개,
2▨▨인 경우 ▨▨에 들어갈 수 있는 수는 00부터 99까지이므로 100개입니다.
따라서 숫자 2는 모두 $35+40+100=175$(번) 쓰게 됩니다.

[답] 175번

2 세 자리 수의 백의 자리에 들어갈 수 있는 숫자는 1뿐이므로 가장 많이 쓴 숫자는 1입니다.
일의 자리 숫자가 1인 경우는 51, 61, 71, 81, 91, 101, 111, 121, 131, 141로 모두 10개입니다.
십의 자리 숫자 1인 경우는 110, 111, 112, ⋯, 118, 119로 모두 10개입니다.
백의 자리 숫자가 1인 경우는 100에서 150까지의 수이므로 $150-100+1=51$(개)입니다.
따라서 숫자 1은 $10+10+51=71$(번) 쓰게 됩니다.

[답] 1, 71번

유형 02-2 숫자의 개수(2) p.20~p.21

1 10에서 99까지의 두 자리 수는 모두 $99-10+1=90$(개)이므로 두 자리 수를 만드는 데 사용한 숫자 카드는 $(99-10+1)\times2=180$(장)입니다.

[답] 180장

2 한 자리 수를 만드는 데 9장, 두 자리 수를 만드는 데 180장이 사용되었으므로 세 자리 수를 만드는 데는 $300-(9+180)=111$(장) 사용하였습니다.

[답] 111장

3 $111\div3=37$(개)

[답] 37개

4 마지막에 만든 수를 □라 할 때, $□-100+1=37$이므로 □$=136$입니다.

[답] 136

확인문제

1 한 자리 수 : 1에서 9까지 ➡ 9개
두 자리 수 : 10에서 99까지 ➡ $90\times2=180$(개)
세 자리 수에 사용된 숫자 :
$600-(9+180)=411$(개)
따라서 세 자리 수의 개수는 $411\div3=137$(개)입니다.
마지막에 쓰는 세 자리 수를 □라고 할 때,
$□-100+1=137$이므로 □$=236$입니다.

[답] 236

2 1에서 9까지 한 자리 수를 만드는 데 사용한 숫자 카드는 9장입니다. 10에서 99까지 두 자리 수를 만드는 데 사용한 숫자 카드는 $(99-10+1)\times2=180$(장)입니다. 200장의 숫자 카드 중 남은 숫자 카드는 $200-(9+180)=11$(장)이므로 세 자리 수 3개를 만들고 2장이 남습니다. 따라서 마지막으로 만들어지는 세 자리 수는 102이고, 남은 두 장은 1과 0이므로 마지막에 놓이는 숫자 카드는 0입니다.

[답] 0

창의사고력 다지기 p.22~p.23

1 숫자의 개수는 1부터 9까지 9개, 10부터 99까지 $2\times90=180$(개), 100부터 999까지 $3\times900=2700$(개), 1000은 4개이므로 모두 $9+180+2700+4=2893$(개)입니다.
숫자 하나를 누르는 데 1초가 걸리므로 1에서 1000까지의 수를 모두 누르는 데 2893초가 걸립니다.
$2893\div60=48\cdots13$이므로 수를 모두 누르는 데는 48분 13초 걸립니다.

[답] 48분 13초

2 숫자 5의 개수는
▨▨5일 때, ▨▨는 00부터 99까지이므로 100개
▨5▨일 때, ▨ ▨는 00부터 99까지이므로 100개
5▨▨일 때, ▨▨에 00부터 99까지이므로 100개
모두 300개입니다.
숫자 5가 두 번 쓰인 수는
55▨일 때, ▨는 0에서 9까지이므로 10개
5▨5일 때, ▨는 0에서 9까지이므로 10개
▨55일 때, ▨는 0에서 9까지이므로 10개
모두 30개입니다.
숫자 5가 세 번 쓰인 수는 555이므로 1개입니다.
따라서 숫자 5가 들어간 수의 개수는
$300-30+1=271$(개)입니다.

[답] 300개, 271개

3 1에서 77까지 수 중에서 숫자 7의 개수는 ▨7에서 ▨ 안에는 0부터 7까지의 숫자가 들어갈 수 있으므로 8개, 7▨에서 ▨ 안에는 0부터 7까지 8개의 숫자가 들어갈 수 있으므로 $8+8=16$(개)입니다.

1에서 77까지의 수 중에서 숫자 3의 개수는 ▨3에서 ▨ 안에는 0부터 7까지의 숫자가 들어갈 수 있으므로 8개, 3▨에서 ▨ 안에는 0부터 9까지 10개의 숫자가 들어갈 수 있으므로 8+10=18(개)입니다.
따라서 비밀번호는 1618입니다.

[답] 1618

4 두 자리 수와 세 자리 수의 가장 높은 자리에는 0이 쓰일 수 없습니다. 따라서 가장 적게 쓰인 숫자는 0입니다.
일의 자리 : 10, 20, 30, ⋯, 890, 900(90개)
십의 자리 : 100, 101, 102, ⋯, 809, 900(81개)
➡ 90+81=171(개)

[답] 0, 171개

03 배수판정법 p.24~p.25

예제 [답] ① 0 ② 9, 4, 5 ③ 450, 540

유제 3으로 나누어 떨어지려면 각 자리 숫자의 합이 3의 배수이어야 합니다.
6+3+2=11이므로 3의 배수가 되기 위해서는 일의 자리 숫자가 1, 4, 7이 되어야 합니다.

[답] 1, 4, 7

예제 [답] ① 4 ② 6, 9
③ 6 ④ 6

유제 2의 배수이면서 3의 배수인 수는 6의 배수입니다.
1부터 50까지의 수 중 6의 배수를 구하면
50÷6=8⋯2이므로 8개입니다.

[답] 8개

유형 03-1 조건에 맞는 수 찾기 p.26~p.27

1 [답] 0, 5

2 백의 자리 숫자가 3, 일의 자리 숫자는 0일 때,
3+0=3이므로 십의 자리 숫자는 0, 3, 6, 9입니다.
백의 자리 숫자가 3, 일의 자리 숫자가 5일 때,
3+5=8이므로 십의 자리 숫자는 1, 4, 7입니다.

[답] 0, 3, 6, 9, 1, 4, 7

3 [답] 가장 큰 수 : 390, 가장 작은 수 : 300

4 4의 배수이려면 끝의 두 자리 수가 00이거나 4의 배수이어야 합니다. 또, 3으로 나누어 떨어지려면 백의 자리 숫자가 3이므로 끝의 두 자리 숫자의 합도 3의 배수가 되어야 합니다.
따라서 두 조건을 만족하는 두 자리 수는 00, 12, 24, 36, 48, 60, 72, 84, 96이므로 조건을 만족하는 가장 큰 세 자리 수는 396입니다.

[답] 396

확인문제

1 5로 나누어 떨어지려면 일의 자리 숫자는 0 또는 5가 되어야 합니다.
또한 2로 나누어 떨어지는 수는 일의 자리 숫자가 0, 2, 4가 되어야합니다.
따라서 두 조건을 모두 만족시키는 일의 자리 숫자는 0입니다.
▨▨0이 3으로 나누어떨어지려면 ▨▨는 3의 배수가 되어야 하므로 12, 15, 21, 24, 42, 45, 51, 54가 됩니다.
따라서 구하는 수는 120, 150, 210, 240, 420, 450, 510, 540이므로 모두 8개입니다.

[답] 8개

2 5로 나누어 떨어지므로 ㉡은 0 또는 5입니다.
① ㉡=0일 때, ㉠2350이 9로 나누어 떨어지려면, ㉠+2+3+5+0=㉠+10이 9의 배수가 되어야 하므로 ㉠은 8입니다.
② ㉡=5일 때, ㉠2355가 9로 나누어 떨어지려면, ㉠+2+3+5+5=㉠+15가 9의 배수가 되어야 하므로 ㉠은 3입니다.

[답] ㉠=8, ㉡=0 또는 ㉠=3, ㉡=5

해답

유형 03-2 배수판정법의 활용 p.28~p.29

1 3개×12달=36개

[답] 36개

2 4의 배수는 끝의 두 자리 수가 00이거나 4의 배수이어야 하므로 □ 안에 들어갈 수 있는 숫자는 0, 2, 4, 6, 8입니다.

[답] 0, 2, 4, 6, 8

3 1+7+2+0=10이므로 각 자리 숫자의 합이 9의 배수가 되려면 □는 8이 되어야 합니다.

[답] 8

4 비누 36개의 가격 137□6원은 36의 배수이므로 4의 배수이면서 9의 배수이어야 합니다.
□6이 4의 배수이어야 하므로 □ 안에 알맞은 숫자는 1, 3, 5, 7, 9이고, 이 중 각 자리 숫자의 합이 9의 배수가 되는 □의 값은 1입니다.
따라서 비누 한 개의 가격은 13716÷36=381(원)입니다.

[답] 381원

확인문제

1 전체 금액은 12의 배수이므로 3의 배수이면서 4의 배수입니다.
0□가 4의 배수이어야 하므로 □는 0, 4, 8이고, 각 자리 숫자의 합이 7+5+6+0+□=18이므로 3의 배수가 되려면 □는 0, 3, 6, 9입니다.
따라서 두 조건을 모두 만족하는 □는 0입니다.

[답] 0

2 □693■은 72의 배수이므로 8의 배수이면서 9의 배수입니다.
끝의 세 자리 수 93■가 8의 배수이므로 일의 자리 숫자는 6입니다. 또한 각 자리 수의 합이 9의 배수이므로 □+6+9+3+6=□+24가 9의 배수가 되려면 □=3입니다.
따라서 공책 72권의 가격은 36936원이므로 공책 1권의 가격은 36936÷72=513(원)입니다.

[답] 513원

창의사고력 다지기 p.30~p.31

1 5로 나누어 떨어지는 수이므로 일의 자리 숫자는 5입니다.
3으로 나누어 떨어지려면 각 자리 숫자의 합이 3의 배수가 되어야 하므로 ▨▨5에서 ▨+▨는 4 또는 7이어야 합니다. 따라서 ▨▨5에서 ▨▨에 들어갈 수 있는 숫자는 1, 3 또는 3, 4이므로 구하는 세 자리 수는 135, 315, 345, 435입니다.

[답] 135, 315, 345, 435

2 18의 배수는 2의 배수이면서 9의 배수입니다.
9의 배수가 되려면 각 자리의 숫자의 합이 9의 배수이므로 세 장의 카드는 (6, 3, 0), (6, 2, 1), (5, 4, 0), (5, 3, 1), (4, 3, 2)가 되어야 합니다.
위의 각 경우에 일의 자리 숫자가 0, 2, 4, 6인 수는
(6, 3, 0) ➡ 630, 360, 306
(6, 2, 1) ➡ 612, 216, 162, 126
(5, 4, 0) ➡ 540, 504, 450
(4, 3, 2) ➡ 432, 342, 324, 234입니다.
따라서 만든 세 자리 수 중에서 18의 배수는 3+4+3+4=14(개)입니다.

[답] 14개

3 채원이네 반 학생들이 모은 전체 금액은 45의 배수이므로 5의 배수이면서 9의 배수입니다. 일의 자리 숫자가 0이므로 각 자리 숫자의 합이 9의 배수이면 45의 배수가 됩니다.
따라서 1+2+8+1+0=12이므로 □는 6입니다.

[답] 128160원

4 라면 8봉지의 가격은 8의 배수이므로 ㉡, ㉢이 가능합니다.
주스 3병의 가격은 3의 배수이므로 ㉠, ㉢이 가능합니다.
귤 12개의 가격은 12의 배수이므로 3의 배수이면서 4의 배수인 ㉢입니다.
즉, ㉢은 귤, ㉡은 라면, ㉠은 주스입니다.
따라서 라면 1봉지는 5120÷8=640(원), 주스 1병은 9975÷3=3325(원), 귤 1개는 3840÷12=320(원)입니다.

[답] 라면 1봉지 : 640원, 주스 1병 : 3325원,
귤 1개 : 320원

Ⅶ 언어와 논리

04 패리티 전략 p.34~p.35

예제 [답] ② 짝수 ④ 홀수

유제 1에서 100까지의 수는 짝수와 홀수가 각각 50개 씩 있습니다.
짝수 전체의 합은 짝수를 짝수 번 더한 것이므로 짝수가 되고, 홀수 전체의 합은 홀수를 짝수 번 더한 것이므로 짝수가 됩니다.
따라서 짝수 전체의 합과 홀수 전체의 합과의 차는 (짝수)-(짝수)이므로 짝수가 됩니다.
[답] 짝수

예제 [답] ① 뒷면, 앞면, 뒷면 ② 뒷면, 앞면
③ 홀수, 짝수 ④ 홀수, 짝수, 앞면

유형 04-1 도미노 깔기 p.36~p.37

1

[답] 흰색 칸 : 6개, 검은색 칸 : 8개

2 격자판을 도미노 조각으로 덮을 때 흰색 칸과 검은색 칸을 항상 한 개씩 덮게 됩니다.
[답] 흰색 칸 : 1개, 검은색 칸 : 1개

3 도미노 조각은 격자판의 흰색 칸과 검은색 칸을 항상 하나씩 덮게 되므로 두 칸의 개수는 같아야 합니다.
[답] 0

4 체스판을 도미노로 덮을 때 흰색 칸과 검은색 칸을 항상 하나씩 덮게 됩니다. 어떤 방식으로 도미노를 채워 나가더라도 7개의 도미노를 놓게 되면 흰색 칸과 검은색 칸을 덮게 됩니다.
따라서 위의 격자판은 흰색 6칸, 검은색 8칸으로 두 가지 색깔의 칸의 수가 다르므로 도미노로 완전히덮을 수 없습니다.
[답] 없습니다, 풀이 참조

확인문제

1 도미노는 정사각형 2개를 붙여 만든 것이므로 빈틈없이 덮기 위해서는 격자판의 칸 수가 짝수이어야 합니다. 따라서 칸의 개수가 홀수인 ③은 빈틈 없이 덮을 수 없습니다. ①, ②, ④를 체스판 모양으로 색칠했을 때, 도미노 1개를 놓으면 항상 흰색 1칸과 검은색 1칸을 덮게 되므로 검은색과 흰색 칸의 개수가 같은 것을 찾으면 ②입니다.

①

흰색 : 4칸
검은색 : 6칸

②
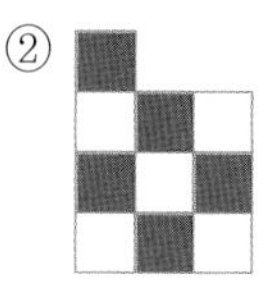
흰색 : 5칸
검은색 : 5칸

④
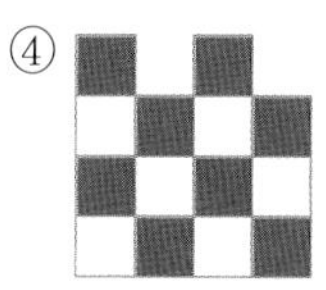
흰색 : 6칸
검은색 : 8칸

[답] ②

2 어떤 자리와 그 자리에서 옮겨갈 수 있는 자리를 다른 색으로 칠하면 다음과 같습니다.

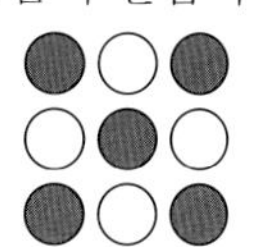

흰색 자리에서 옮기면 검은색 자리로 가야 하고, 검은색 자리에서 옮기면 흰색 자리로 가야 합니다. 그런데 흰색 자리는 4칸, 검은색 자리는 5칸이므로 모든 자리를 옮기는 것은 불가능합니다.
[답] 풀이 참조

유형 04-2 점수 맞추기 p.38~p.39

1 기본 점수는 10점으로 짝수입니다. 한 문제를 풀어서 맞혔을 경우에는 홀수 점수가 더해지고, 틀렸을 경우에는 홀수 점수가 감점되므로 한 문제를 푼 후 지우의 점수는 홀수입니다.
[답] 홀수

2 한 문제를 풀 때마다 홀수 점수가 더해지거나 감점되므로 두 문제를 풀었을 때의 점수는

(홀수)+(홀수)=(짝수)이고, 세 문제를 풀었을 때에는 (짝수)+(홀수)=(홀수)입니다.

[답] 두 문제를 풀었을 때 : 짝수,
세 문제를 풀었을 때 : 홀수

3 기본 점수는 10점이므로 한 문제를 풀어 맞혔을 경우 홀수 점수가 더해지고, 틀렸을 경우에도 홀수 점수가 감점되므로 홀수가 됩니다. 또 한 문제를 더 풀어 맞혔을 경우 홀수 점수가 더해지고, 틀렸을 경우에도 홀수 점수가 감점되므로 점수는 짝수가 됩니다. 따라서 한 문제씩 풀 때마다 점수는 홀수와 짝수가 되풀이됩니다.

[답] 풀이 참조

4 **3**에서 1, 3, 5, …개의 문제(홀수 개)를 풀었을 때에는 홀수 점수가, 2, 4, 6, …개의 문제(짝수 개)를 풀었을 때에는 짝수 점수가 된다는 규칙을 발견할 수 있습니다.

따라서 20문제를 풀었을 때 지우의 점수는 짝수입니다.

[답] 짝수

확인문제

1 ① 1×7=7이므로 5점이 될 수 없습니다.
②, ④ 과녁판의 점수가 모두 홀수이고, 7번(홀수) 맞혔으므로 점수의 합이 짝수가 될 수 없습니다.
⑤ 9×7=63이므로 65점이 될 수 없습니다.
따라서 점수의 합이 될 수 있는 것은 ③ 47점입니다.

[답] ③

2 1부터 5까지의 수에는 홀수가 3개, 짝수가 2개 있습니다. 홀수끼리 더하거나 빼는 것을 홀수 번 하면 홀수가 되고, 짝수끼리 더하거나 빼면 짝수가 되므로 1, 3, 5는 서로 더하거나 빼도 홀수가 되고, 2, 4는 서로 더하거나 빼도 짝수가 됩니다.
따라서 (홀수)+(짝수) 또는 (홀수)−(짝수)는 모두 홀수가 되므로 짝수인 6이 될 수 없습니다.

[답] 풀이 참조

창의사고력 다지기

p.40~p.41

1 서로 이웃하는 칸이 서로 다른 색이 되도록 바닥을 색칠해 봅니다.

		A		
	B			
				C
				D
E				

□색이 13칸, □색 12칸이므로 타일을 최대한 많이 깔 때 □색 바닥은 타일이 반드시 깔리고, □색 바닥은 한 칸이 남게 됩니다. 따라서 타일이 반드시 깔리는 곳은 □색인 D입니다.

[답] D

2 숫자 카드를 한 번 뒤집었을 때 : [1][1] 또는 [0][0]
두 번 뒤집었을 때 : [0][1] 또는 [1][0]
즉, 카드를 홀수 번 뒤집으면 [1][1] 또는 [0][0]이고, 짝수 번 뒤집으면 [0][1] 또는 [1][0]입니다.
따라서 카드를 20번(짝수) 뒤집었으므로 보이는 면은 [0][1] 또는 [1][0]이므로 보이는 두 면의 수의 합은 항상 1이 됩니다.

[답] 1, 풀이 참조

3 기본 점수는 20점으로 짝수이므로 한 문제를 풀면 문제를 맞혔을 경우 홀수 점수가 더해지고, 틀렸을 경우에도 홀수 점수가 감점됩니다. 따라서 한 문제를 풀면 항상 홀수가 됩니다.
두 문제를 풀면 홀수에 홀수를 더하거나 빼게 되므로 점수는 짝수가 됩니다.
그러므로 인호가 문제를 홀수 개 풀면 점수는 홀수가 되고, 짝수 개 풀면 짝수가 됩니다.
따라서 15문제를 풀었을 때 인호의 점수는 홀수입니다.

[답] 홀수

4 악수를 할 때 두 사람이 서로 주고받으므로 악수를 한 총 사람의 수는 짝수입니다. 악수를 짝수 번만큼 한 학생들이 다른 학생들에게 한 악수의 횟수를 모두 합하면 짝수 번입니다. 악수를 홀수 번만큼 한 학생들이 다른 학생들에게 한 악수의 횟수를 모두 합한 것은 모든 학생이 한 악수의 횟수에서 짝수 번만큼 한 학생들의 횟수를 모두 더한 수를 뺀 것과 같으므로 (짝수)−(짝수)=(짝수)입니다.

따라서 홀수의 합이 짝수가 되어야 하므로 악수를 홀수 번 한 학생 수는 반드시 짝수이어야 합니다.

[답] 짝수

05 서랍 원리 p.42~p.43

예제 [답] ① 1, 3 ② 1, 2 ③ 4

예제 [답] ① 1 ② 2 ③ 3

유형 05-1 같은 색깔의 양말 꺼내기 p.44~p.45

1

순서	첫째 번	둘째 번	셋째 번	넷째 번	…
꺼낸 양말 색깔	빨간색	파란색	빨간색 또는 파란색		…

[답] 3개

2

순서	첫째 번	둘째 번	셋째 번	넷째 번	…
꺼낸 양말 색깔	빨간색	파란색	빨간색 (파란색)	빨간색 또는 파란색	…

[답] 2개

3 2째 번에 1켤레를 만들었던 양말과 같은 색깔의 양말을 1개 꺼내고, 다시 1개의 양말을 꺼내면 됩니다. 따라서 반드시 색깔이 같은 양말을 2켤레 꺼내려면 적어도 3+1+1=5(개)를 꺼내야 합니다.

[답] 5개

확인문제

1 가장 운이 나쁜 경우는 세 종류의 양말을 3개씩 꺼내는 경우입니다. 여기에 양말을 1개 더 꺼내면 반드시 같은 색깔의 양말이 2켤레 나오게 됩니다.

따라서 반드시 같은 색깔의 양말을 2켤레 꺼내려면 적어도 3+3+3+1=10(개)의 양말을 꺼내야 합니다.

[답] 10개

2 빨간색, 파란색, 보라색 구슬을 모두 2개씩 꺼내고 다시 한 개의 구슬을 꺼내면 같은 색의 구슬이 반드시 3개 생깁니다.
따라서 적어도 구슬을 2+2+2+1=7(개) 꺼내야 합니다.

[답] 7개

유형 05-2 생일이 같은 사람의 수 p.46~p.47

1 운이 나쁜 경우는 7명을 뽑았을 때 생일이 모두 다른 요일일 때입니다.

[답] 예

월요일	화요일	수요일	목요일	금요일	토요일	일요일
○	○	○	○	○	○	○
○						

2 가장 운이 나쁜 경우에 각각의 요일에 생일인 사람이 1명씩 있고 여기에 1명이 더 있으면 생일이 같은 요일인 학생들이 반드시 2명이 있는 경우가 됩니다.
따라서 학생은 적어도 7+1=8(명) 있어야 합니다.

[답] 8명

3 [답] 예

월요일	화요일	수요일	목요일	금요일	토요일	일요일
○	○	○	○	○	○	○
○	○	○	○	○	○	○
○						

4 가장 운이 나쁜 경우는 각각의 요일에 생일인 사람이 모두 2명씩 있을 때입니다. 여기에 1명이 더 있으면 생일이 같은 요일인 학생들이 반드시 3명이 있는 경우가 됩니다.
따라서 필요한 학생의 수는 적어도 (7×2)+1=15(명)입니다.

[답] 15명

확인문제

1 1년은 12달입니다. 생일이 같은 달인 친구가 반드시 2명이 있으려면 각각의 달에 1명씩 있고, 1명이 더 있으면 적어도 1개의 달에는 생일이 같은 친구가 2명 있습니다.
따라서 형진이는 친구를 적어도 12+1=13(명) 사귀어야 합니다.
[답] 13명

2 각각의 요일에 모두 4개씩 판다고 생각하면 7×4=28(개)를 팔게 되고, 여기에 1개 더 팔게 되면 5개를 판 요일이 반드시 하루는 생깁니다.
[답] 29개

창의사고력 다지기 p.48~p.49

1 가장 운이 나쁜 경우는 뽑은 12명의 사람이 띠가 모두 다른 경우입니다.
여기서 쥐띠, 호랑이띠, 용띠, 양띠, 원숭이띠, 돼지띠의 사람 중에 1명을 더 뽑으면 반드시 같은 띠를 가진 사람을 2명 뽑게 됩니다.
따라서 뽑아야 되는 사람의 수는 적어도 12+1=13(명)입니다.
[답] 13개

2 가장 운이 나쁜 경우는 6개의 화살을 던지는 동안 세 개의 바구니에 2개씩 들어간 경우입니다.
여기에 1개의 화살을 더 던진다면 화살이 3개 들어간 바구니가 반드시 있습니다.
따라서 지성이는 적어도 6+1=7(개)의 화살이 필요합니다.
[답] 7개

3 가장 운이 나쁜 경우는 6개의 분필을 꺼내는 동안 모두 두 가지 색의 분필이 나오는 경우입니다. 여기서 남은 분필 중 한 개를 더 꺼내면 반드시 3가지 색의 분필을 꺼내게 됩니다.
따라서 적어도 6+1=7(개)의 분필을 꺼내야 합니다.
[답] 7개

4 가장 운이 나쁜 경우는 먼저 ◆모양 카드를 제외한 나머지 카드를 모두 꺼내는 것입니다.
여기서 남아 있는 ◆모양 카드를 2장 꺼낸다면 모든 종류의 카드를 2장씩 꺼내게 됩니다.
따라서 적어도 5+4+5+2=16(장)의 카드를 꺼내야 합니다.
[답] 16장

06 참말과 거짓말 p.50~p.51

예제 [답] ① 참말, 참말족, 맞지 않습니다.
② 참말, 거짓말, 거짓말족, 맞습니다.
③ 노인

예제 [답] ① 모순, 모순
② ×, ×, ○, ×, 참말, 거짓말
③ 승준

유형 06-1 도박사 p.52~p.53

1 ① 진희가 예상한 것 중에서 한국이 2등이라고 한 것이 맞았다고 가정한다면, 이탈리아가 1등이라고 예상한 것은 틀리게 됩니다.
② 그리고 진희가 한국이 2등이라고 한 것이 맞았다고 예상했으므로 승호가 예측한 한국이 4등이라고 예상한 것은 틀리게 되고, 중국이 2등이라고 예상한 것이 맞게 됩니다. 그러나 2등이 중국과 한국 두 나라가 되므로 모순이 됩니다.

순위 \ 나라	프랑스	중국	한국	이탈리아
1등		×	×	×
2등	×	○	○	×
3등			×	
4등			×	

[답] 풀이 참조

2 진희가 예상한 것 중에서 이탈리아가 1등이라고 한 것이 맞았다고 가정한다면, 한국이 2등이라고 예상한 것은 틀리게 됩니다. 그리고 영철이가 예상한 것 중에서 프랑스가 1등이라고 예상한 것은 틀리게 되고, 중국이 3등이라고 예상한 것은 맞게 됩니다. 마지막으로 승호가 예상한 중국이 2등이라고 예상한 것은 틀리게 되고 한국이 4등이라고 예상한 것이 맞게 됩니다.

순위 \ 나라	프랑스	중국	한국	이탈리아
1등	×	×	×	○
2등	○	×	×	×
3등	×	○	×	×
4등	×	×	○	×

[답] 풀이 참조

3 [답] 1등-이탈리아, 2등-프랑스,
3등-중국, 4등-한국

확인문제

1 • 가의 등수가 3등인 것이 참말인 경우
① 가 : 3등(◯), 다 : 1등(×)
② 가 : 1등(×), 나 : 3등(◯)
③ 나 : 3등(×), 다 : 2등(◯)
➡ 가, 나 두 명이 3등이므로 모순입니다.
• 다의 등수가 1등인 것이 참말인 경우
① 가 : 3등(×), 다 : 1등(◯)
② 가 : 1등(×), 나 : 3등(◯)
③ 나 : 3등(◯), 다 : 2등(×)
➡ 가 : 2등, 나 : 3등, 다 : 1등이므로 논리적으로 맞습니다.

[답] 가 : 2등, 나 : 3등, 다 : 1등

2 ① 지선이가 2학년인 경우
지선 : 2학년(◯), 성한 : 3학년(×)
은경 : 4학년(◯), 성한 : 2학년(×)
동은 : 2학년(×), 은경 : 3학년(◯)
동은 : 4학년(◯), 지선 : 1학년(×)
➡ 은경, 동은 두 명이 4학년이므로 모순입니다.

② 성한이가 3학년인 경우
지선 : 2학년(×), 성한 : 3학년(◯)
은경 : 4학년(◯), 성한 : 2학년(×)
동은 : 2학년(◯), 은경 : 3학년(×)
동은 : 4학년(×), 지선 : 1학년(◯)
➡ 지선 : 1학년, 동은 : 2학년,
성한 : 3학년, 은경 : 4학년

[답] 4학년

유형 06-2 안내문 p.54~p.55

1 A 길에 보물이 있다고 가정하여 보고 각각의 안내문의 글이 참인지 거짓인지 알아봅니다.
A 길에 보물이 있는 경우에 A길 안내문, B길 안내문이 모두 참이 되므로 논리적으로 모순이 됩니다.
따라서 보물을 찾을 수 있는 길은 A가 아닙니다.

[답]

	A 길 안내문	B 길 안내문	C 길 안내문
B 길에 보물이 있음	○	○	×

2 B에 보물이 있다고 가정하여 보고 각각의 안내문의 글이 참인지 거짓인지 알아봅니다.
B에 보물이 있는 경우에 B안내문만 참이 되므로 논리적으로 모순이 없습니다.
따라서 보물을 찾을 수 있는 길은 B입니다.

[답]

	A 길 안내문	B 길 안내문	C 길 안내문
B 길에 보물이 있음	×	○	×

3 C 길에 보물이 있는 경우에 A 길, C 길 안내문이 모두 참이 되므로 논리적으로 모순이 됩니다.

[답]

	A 길 안내문	B 길 안내문	C 길 안내문
C 길에 보물이 있음	○	×	○

4 위와 같이 논리적으로 보물을 찾을 수 있는 길은 B입니다.

[답] B

확인문제

1 가, 나, 다의 각각의 상자에 금화가 있다고 가정하여 하나의 상자에 쓰인 말이 참인 경우를 찾아봅니다.

	가	나	다	
가 금화 있음	×	○	×	참
나 금화 있음	○	×	○	모순
다 금화 있음	○	○	○	모순

나, 다의 상자에 금화가 있는 경우에는 참말인 상자가 2개 이상이 되므로 논리적으로 모순이 되고, 가 상자에 금화가 있는 경우에는 참말인 상자가 1개 이므로 논리적으로 맞습니다.
따라서 금화가 들어 있는 상자는 가입니다.

[답] 가

2 민희, 준수, 지원, 은혜가 각각 100점을 맞았다고 가정했을 때, 1명만 참말을 한 경우를 찾아봅니다.

100점 맞은 학생	민희의 말	준수의 말	지원의 말	은혜의 말	
민희	×	×	○	○	모순
준수	○	×	○	○	모순
지원	×	×	×	○	참
은혜	×	○	○	×	모순

[답] 지원

창의사고력 다지기

P.56~p.57

1 ① 오늘이 월요일이라고 가정하면 성원이는 월요일에 거짓말을 하므로 "어제는 일요일이었어."라고 말한 것이 거짓이 됩니다. 따라서 오늘은 월요일이 아닙니다.
② 오늘이 금요일이라 가정하면 성원이는 금요일에 거짓말을 하므로 "어제는 일요일이었어."라고 말한 것이 거짓이 되므로 논리적으로 틀린 점이 없습니다. 또 지희는 금요일에 참말을 하므로 "내일은 토요일이네."라고 말한 것이 참이 되므로 오늘은 금요일입니다.

[답] 금요일

2 5개의 문장 중에서 거짓인 문장이 1개, 2개, 3개일 경우에는 또다른 거짓문장이 생기므로 모순이 됩니다.
5개의 문장 모두가 거짓이라면 ㉤ 역시 거짓이 되므로 모순이 됩니다.
따라서 ㉣은 ㉣을 제외하고 모두 거짓이라고 했으므로 ㉣은 참, 나머지는 거짓으로 논리적으로 맞게 됩니다.

[답] ㉣

3 ① 가 : 참인 경우
가 : 참 : 사자는 나 아니면 다에 있다.
나 : 거짓 : 사자는 가 아니면 라에 없다.
다 : 거짓 : 사자는 다에 없다.
라 : 거짓 : 사자는 라에 있다.
따라서 사자가 나 아니면 다에 있고, 또 라에 있으므로 모순입니다.
② 나 : 참인 경우
가 : 거짓 : 사자는 나 아니면 다에 없다.
나 : 참 : 사자는 가 아니면 라에 있다.
다 : 거짓 : 사자는 여기 없다.
라 : 거짓 : 사자는 여기 있다.
따라서 사자는 라에 있으므로 논리적으로 맞습니다.

[답] 라

4 말을 한 사람이 거짓말족이라고 가정하면 "적어도 우리들 중 한 사람은 거짓말족입니다."라고 말한 것이 거짓말이 되므로 우리 모두 참말족이 됩니다. 그런데 말을 한 사람이 거짓말족이라고 가정했기 때문에 논리적으로 맞지 않습니다.
따라서 말을 한 사람은 참말족입니다.

[답] 참말족

Ⅷ 도형

07 점을 이어 만든 도형 p.60~p.61

예제 [답] ①

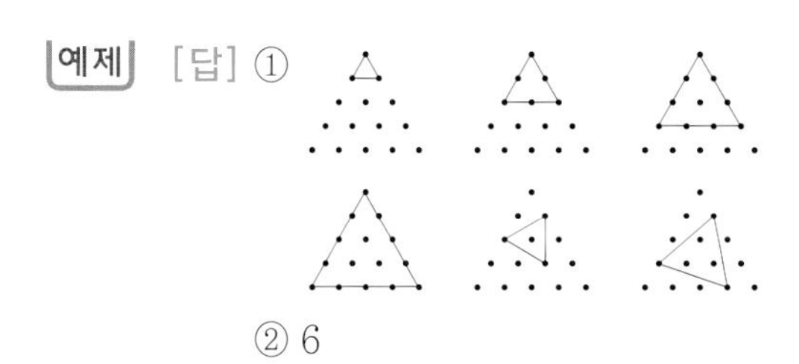

② 6

예제 [답] ① 0 ② 3, 3 ③ 6, 5
④ 6, 5, 7, 7

유형 07-1 점을 이어 만든 도형의 개수 p.62~p.63

1

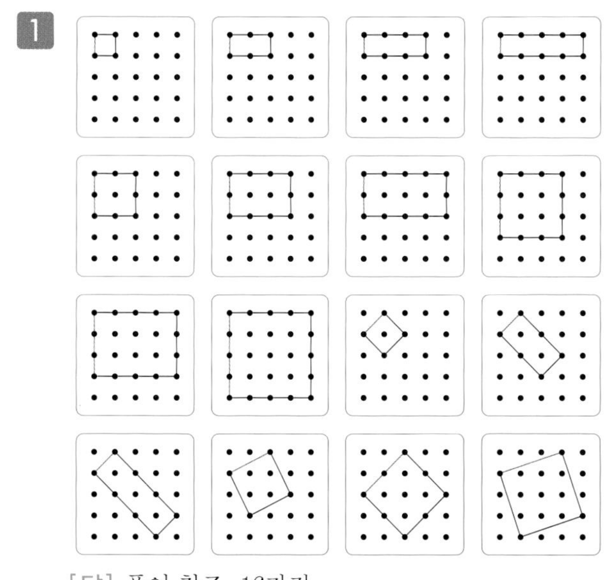

[답] 풀이 참조, 16가지

확인문제

1 밑변의 길이와 높이를 다르게 하여 그려 봅니다.

[답]

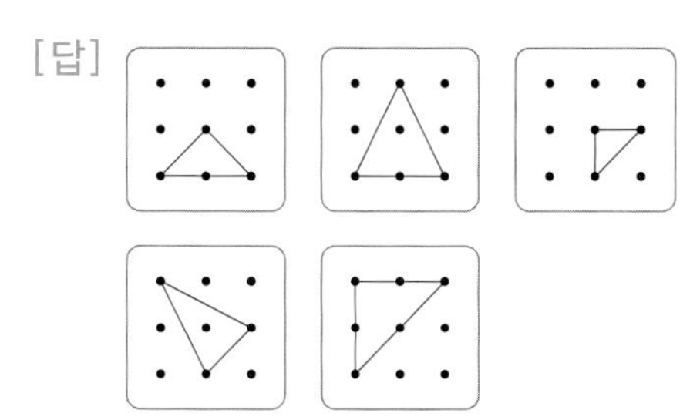

2

[답] 10개

유형 07-2 넓이가 일정한 도형 그리기 p.64~p.65

1

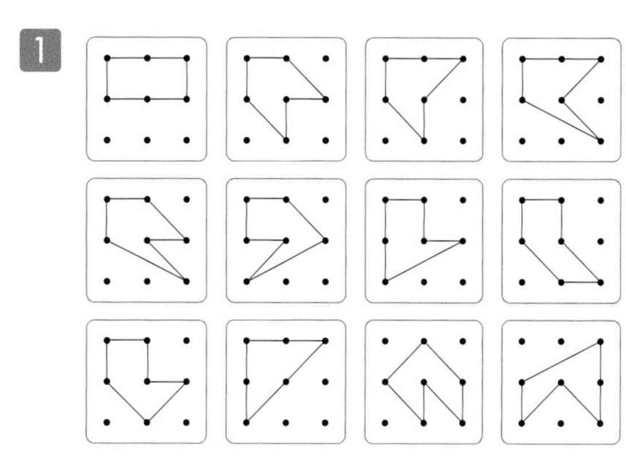

[답] 풀이 참조

2

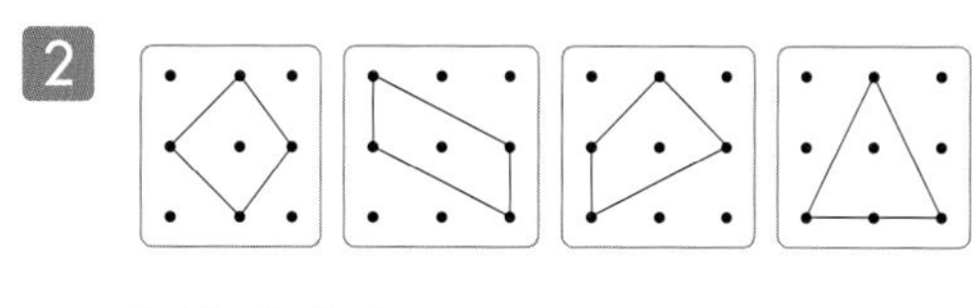

[답] 풀이 참조

확인문제

1 픽(pick)의 정리에 의해 $4 \div 2 - 1 = 1$이므로 도형 둘레 위에는 4개의 점이 있고, 도형 내부에는 점이 없어야 합니다.

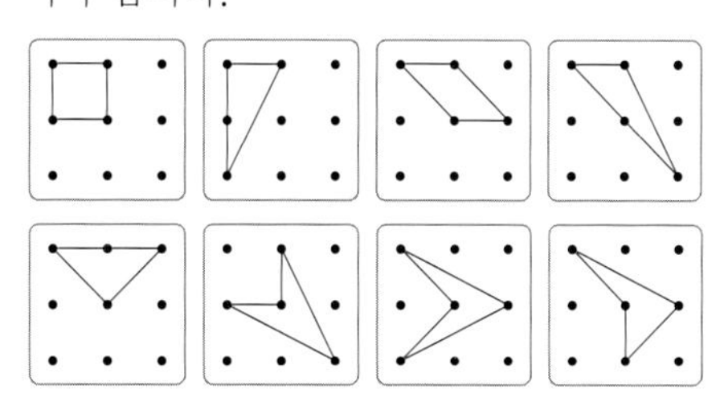

[답] 풀이 참조

2 점판 위의 도형의 넓이는 도형의 둘레 위의 점의 수와 내부에 있는 점의 수가 많을수록 커집니다.

	도형 둘레 위의 점의 수	도형 내부의 점의 수
①	8	3
②	8	5
③	9	5

[답] ③

창의사고력 다지기 p.66~p.67

1

1 2 3 4 12 11 10 9 8 7 6 5 13 14 15 16	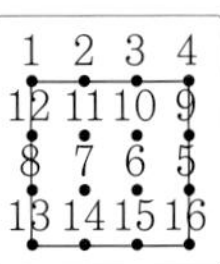	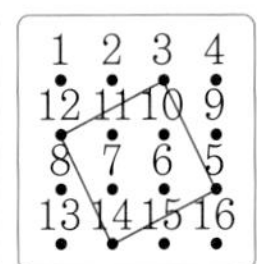	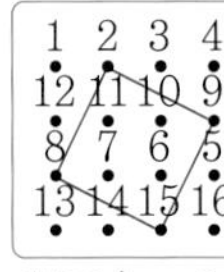
목표수 : 34	목표수 : 34	목표수 : 34	목표수 : 34

[답] 풀이 참조

2 구멍이 없을 때 **가** 도형의 넓이는 도형 둘레 위에 7개의 점이 있고 내부에 6개의 점이 있으므로 $7 \div 2+6-1=8.5$입니다. 또, ⁚⁚ 의 넓이가 1이므로 ⁚⁚⁚ 의 넓이는 2입니다.
따라서 **가** 도형의 넓이는 $8.5-2=6.5$입니다.
구멍이 없을 때 **나** 도형의 넓이는 도형 둘레 위에 10개의 점이 있고 내부에 8개의 점이 있으므로 $10 \div 2+8-1=12$입니다. 또, ⁚⁚ 의 넓이는 1이므로 ⁄ 과 ⁚⁚ 의 넓이는 각각 0.5와 1입니다.
따라서 **나** 도형의 넓이는 $12-1.5=10.5$입니다.

[답] **가** : 6.5, **나** : 10.5

3 [답]

(1)

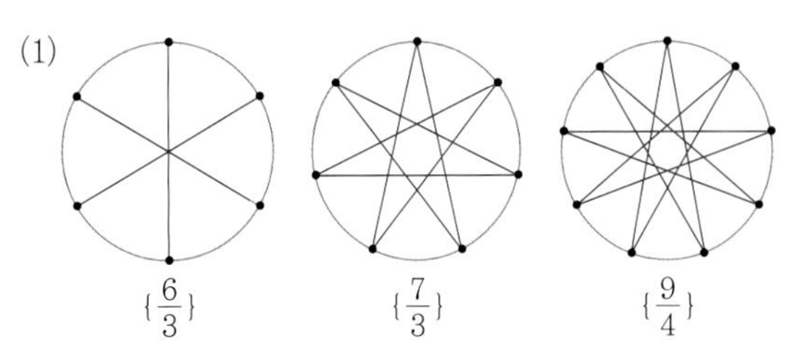

[답] (2) $\{\frac{5}{2}\}$, $\{\frac{7}{2}\}$, $\{\frac{7}{3}\}$, $\{\frac{9}{4}\}$와 같이 이어져 있으려면 △와 □의 공약수가 1 이외에 없어야 합니다.

08 도형 붙이기와 나누기 p.68~p.69

예제 [답] ① 1 ② 2 ③ 4

예제 [답] ① 6, 24 ② 6,

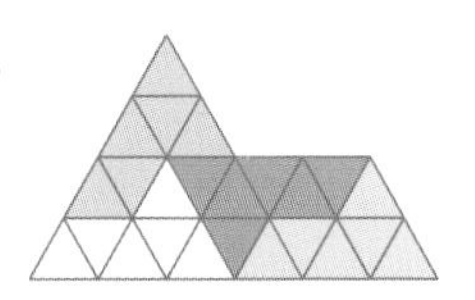

유형 08-1 모양이 서로 다른 도형 붙이기 p.70~p.71

1 [답]

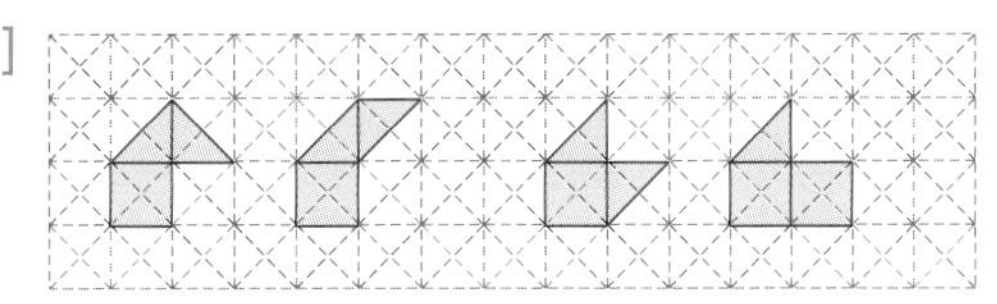

2 [답]

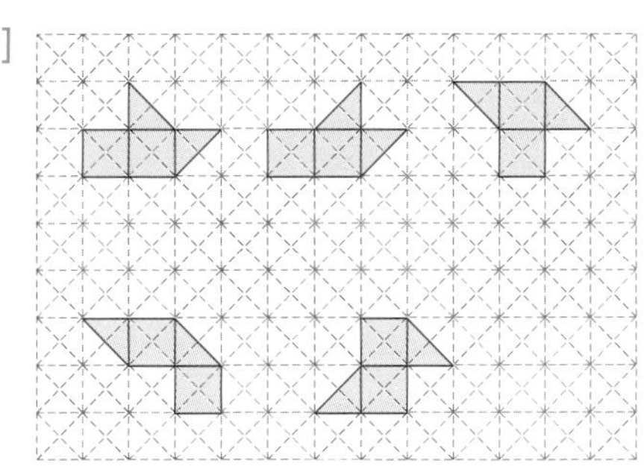

확인문제

1 크기가 같은 정사각형 4개를 변끼리 붙여서 만들 수 있는 서로 다른 모양은 다음과 같이 5가지입니다.

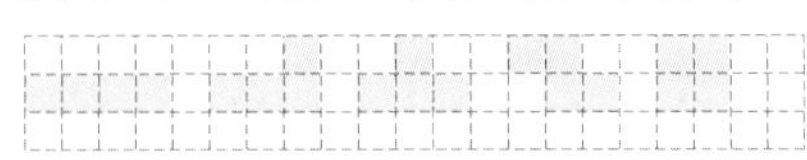

[답] 5가지

2 [답]

유형 08-2 칠교조각으로 나누기 p.72~p.73

1 [답] 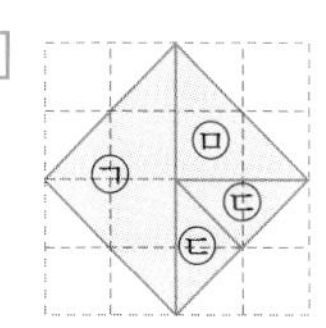 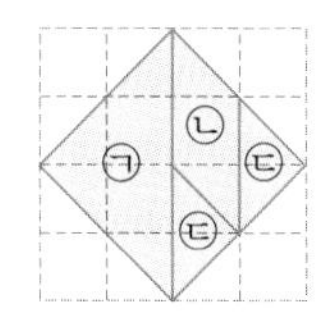 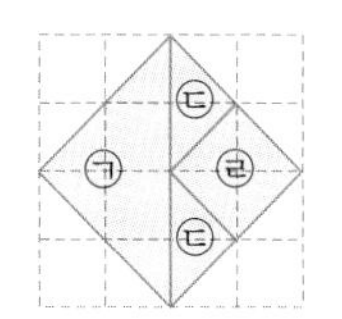

2 [답] 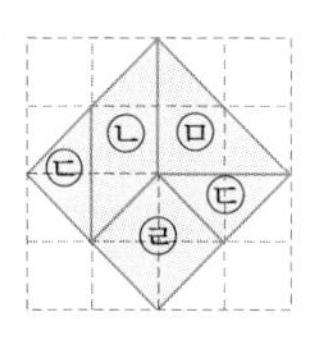

3 [답] 5가지

확인문제

1 가장 큰 조각이 들어갈 위치를 먼저 찾고, 조각 사이의 각도에 주의하면서 하나씩 맞춰나갑니다.

[답]

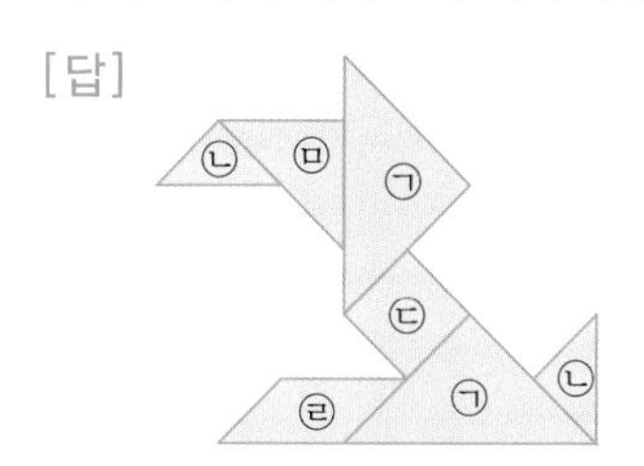

2 매직 트라이앵글 조각은 직각이등변삼각형을 붙여 놓은 것입니다. 주어진 도형을 직각이등변삼각형으로 모양을 나누어 보고, 그림의 가장 오른쪽에 있는 작은 직각이등변삼각형을 먼저 찾습니다.

[답] 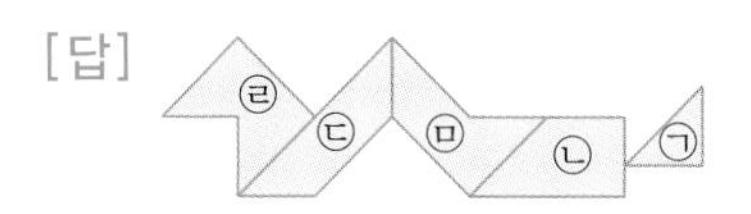

창의사고력 다지기 p.74~p.75

1 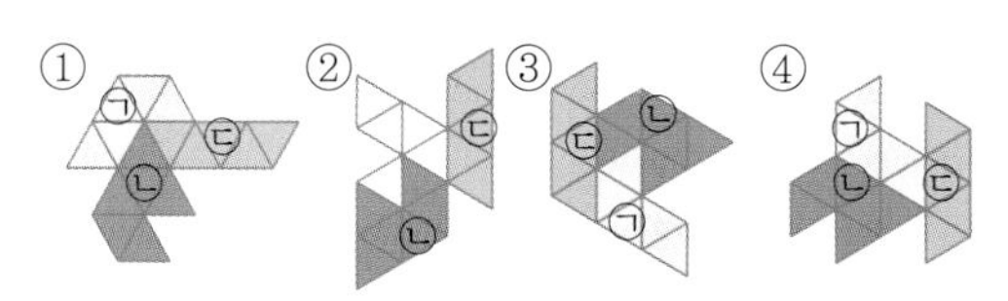

②는 ㉠이 들어갈 수 없으므로 만들 수 없습니다.

[답] ②

2 보도블록이 반드시 들어가야 하는 A부터 차례대로 보도블록을 넣어 봅니다.

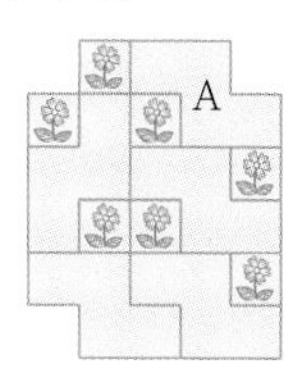

따라서 필요한 보도블록의 개수는 5개입니다.

[답] 5개

3 (1) 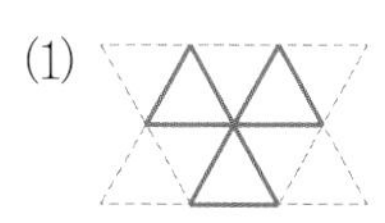

(2) 예

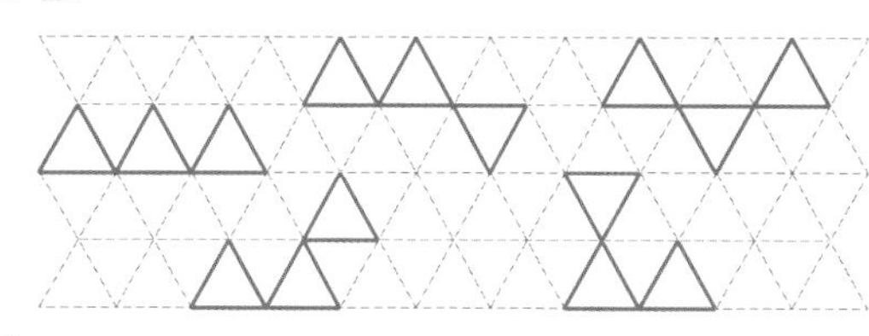

(3) 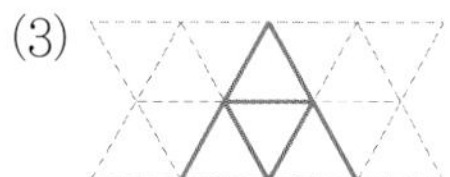

[답] 풀이 참조

09 색종이 접기 p.76~p.77

예제 [답]

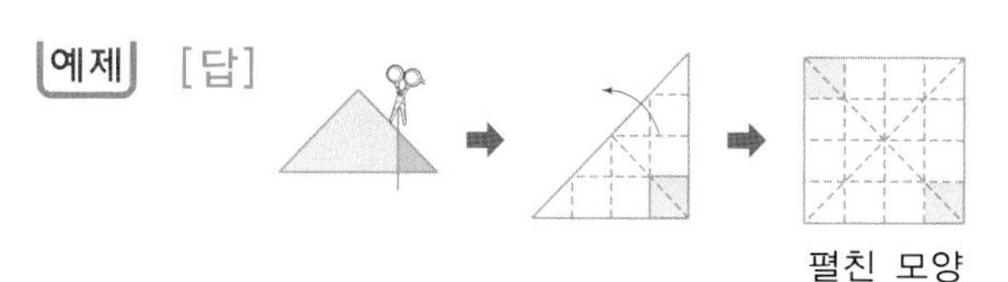

유제

[답] 풀이 참조

예제 [답] ① 왼쪽

②

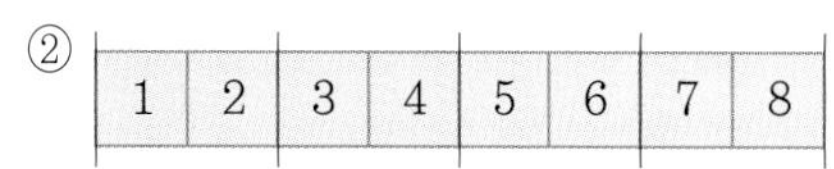

1	2	3	4	5	6	7	8

③ 없습니다.

해답

유형 09-1 접어서 구멍 뚫은 모양 p.78~p.79

1

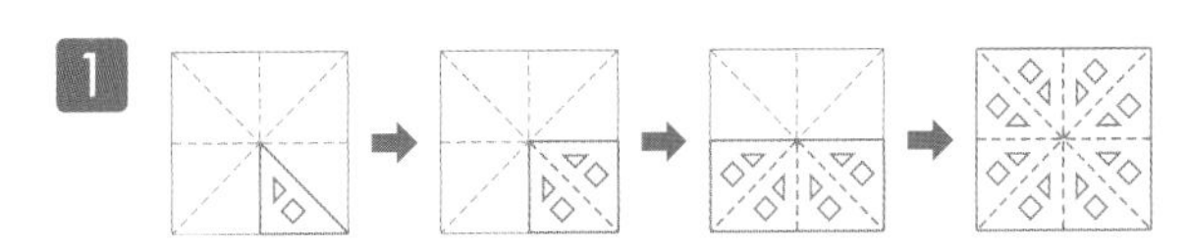

[답] 풀이 참조

2

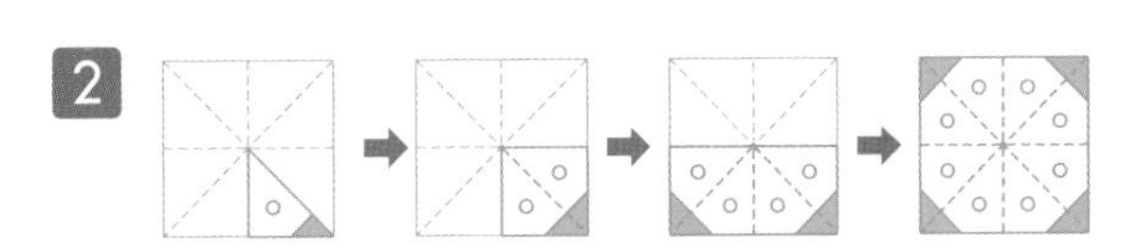

[답] 풀이 참조

확인문제

1

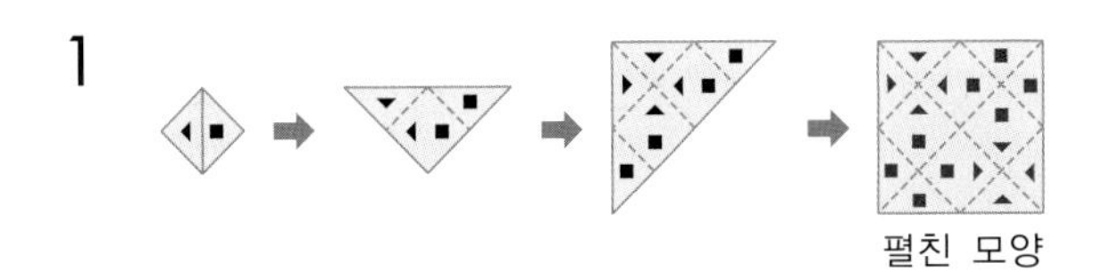

[답] 풀이 참조

2

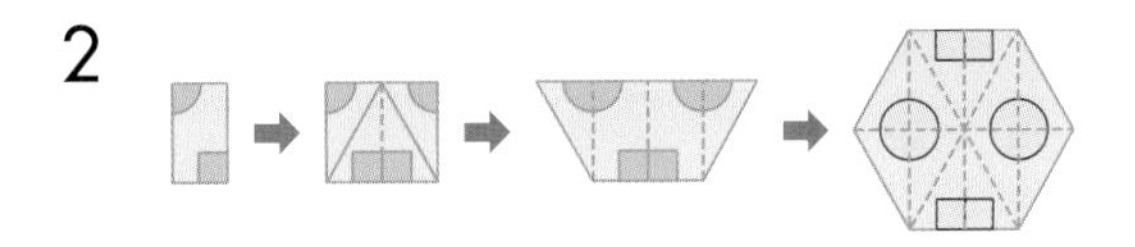

[답] 풀이 참조

유형 09-2 목표수 접어 자르기 p.80~p.81

1

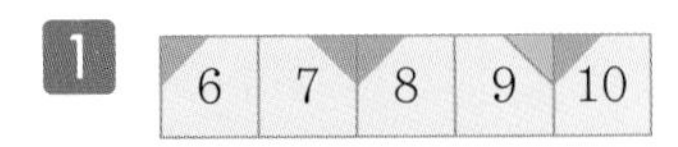

[답] 풀이 참조

2

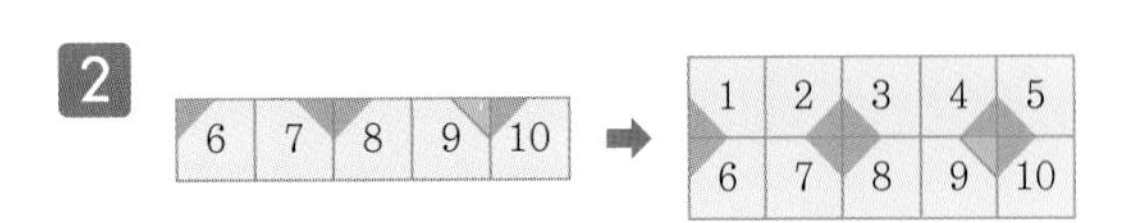

[답] 풀이 참조

3

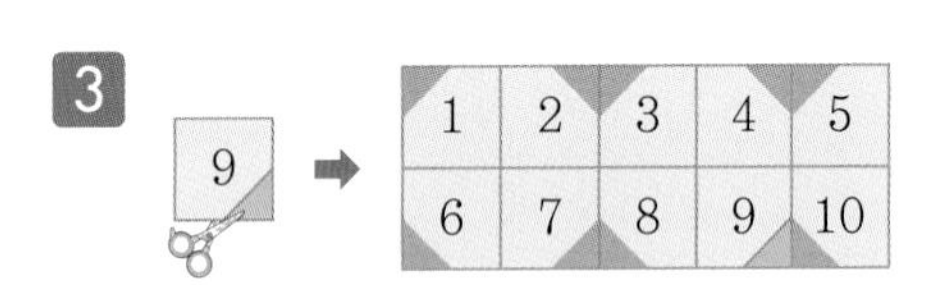

[답] 풀이 참조

확인문제

1 다음과 같은 순서로 펼친 모양을 완성합니다.

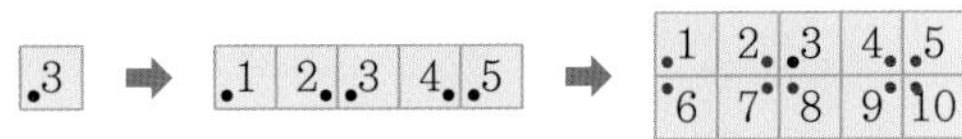

[답] 풀이 참조

2 3이 쓰인 칸에서부터 접은 선을 찾아 잘린 모양을 그려보면 다음과 같습니다.

[답] 풀이 참조

창의사고력 다지기 p.82~p.83

1

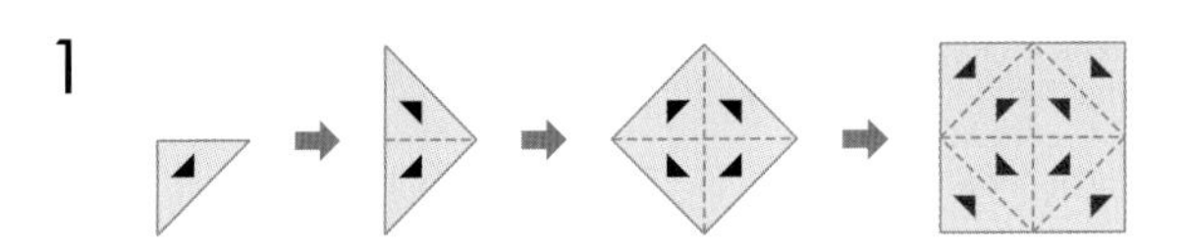

[답] 풀이 참조

2 세로선을 그어 서로 만날 수 있는 부분을 표시합니다. 민수의 오른쪽 세로선과 상택의 왼쪽 세로선은 서로 만날 수 없습니다.

슬기	동현	민수	하영	진주	정남	상택	호철

[답] ④

3 접은 선을 대칭축으로 하여 가위로 자른 부분과 구멍을 뚫은 부분을 그려 봅니다.

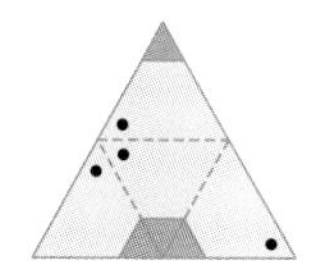

[답] 풀이 참조

4 만나는 선을 그어 뚫린 구멍의 위치를 그려 보면 다음과 같습니다. 따라서 11을 포함하여 11과 같은 위치에 구멍이 뚫린 수들의 합은
9+11+13+23+25+27=108입니다.

월	화	수	목	금	토	일
1	2	3	4	5	6	7
8	9	10	11	12	13	14
15	16	17	18	19	20	21
22	23	24	25	26	27	28
29	30	31				

[답] 108

Ⅸ 경우의 수

10 최단경로의 가짓수 p.86~p.87

예제 [답] ① ㄷ, ㄴ ③ 4

예제 [답] ① 6, 12, 3, 3 ② 12가지

유형 10-1 일방통행이 있는 경우의 최단거리 p.88~p.89

1 A 지점에서 B 지점까지 가장 짧은 길로 가기 위해서는 왼쪽 또는 아래로 가는 길을 지나서는 안됩니다.

[답]

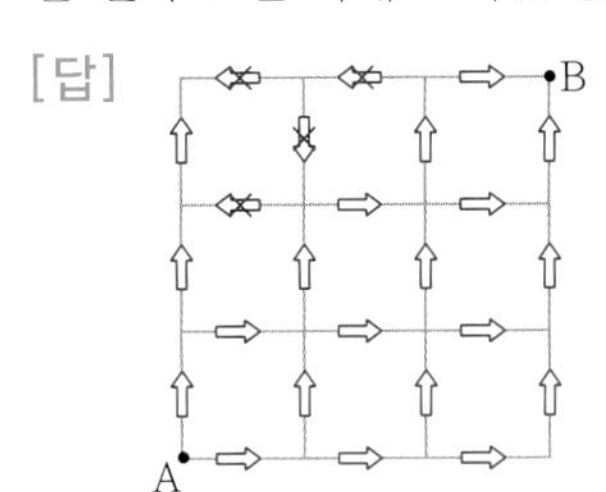

2 각 꼭짓점에서 만나는 길의 가짓수를 더합니다.

[답] 5, 14, 5, 9

3 [답] 14가지

확인문제

1 가지 않아야 할 길을 ×표 한 후, 그림을 단순화하여 다시 그려 봅니다.

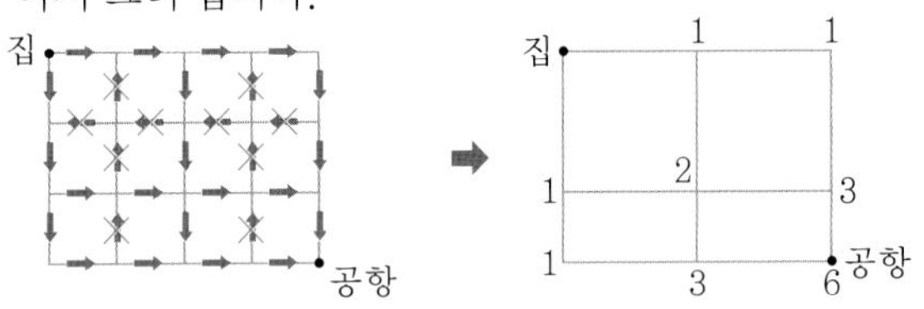

[답] 6가지

2

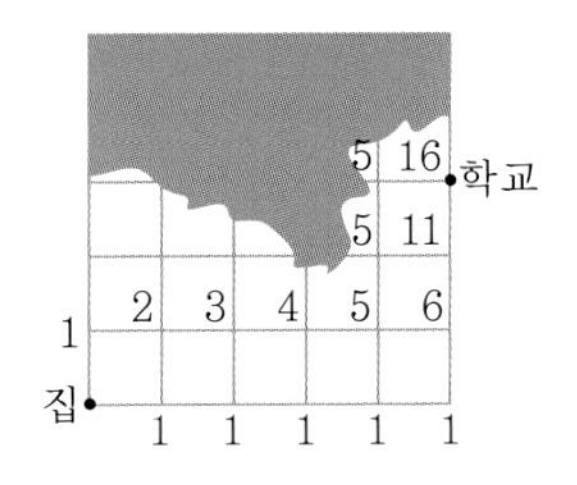

[답] 16가지

유형 10-2 입체도형의 길의 가짓수 p.90~p91

1 [답] 4가지

2 A 지점에서 B 지점으로 가장 짧은 길은 앞쪽 면과 뒷쪽 면의 모양이 같습니다.

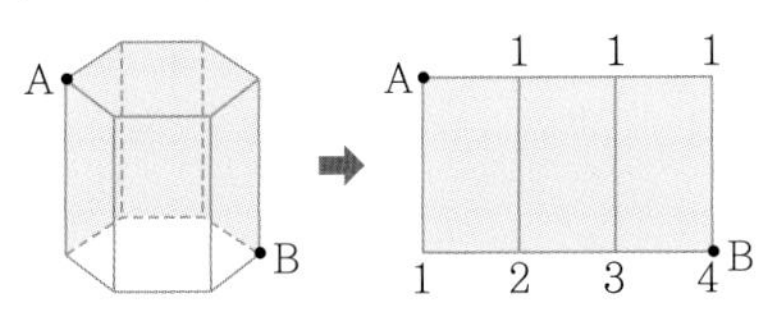

[답] 4가지

3 [답] 8가지

확인문제

1

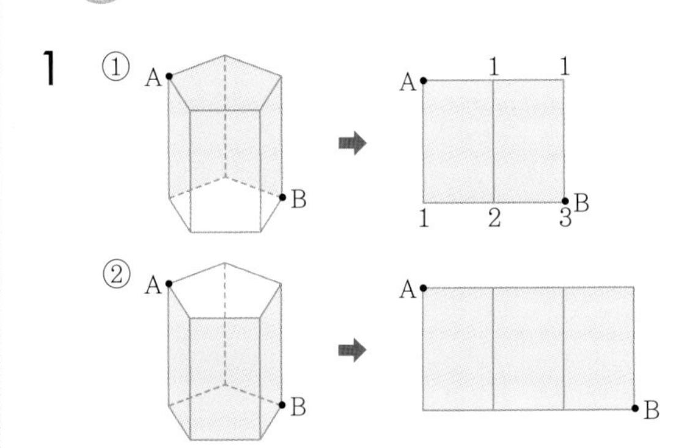

위의 두 가지 길 중 ①은 가로 2개, 세로 1개를, ②는 가로 3개, 세로 1개를 지나야 하므로 ①의 길로 가는 것이 더 가깝습니다. ①의 각 꼭짓점에 갈 수 있는 길의 가짓수를 써서 구하면 A에서 B까지 가는 가장 가까운 길은 3가지입니다.

[답] 3가지

2

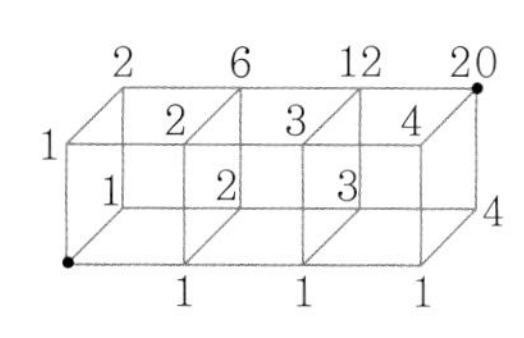

[답] 20가지

창의사고력 다지기 p.92~p.93

1 가지 않아야 하는 길을 지우고 각 꼭짓점에 길의 가짓수를 쓰면 다음과 같습니다.

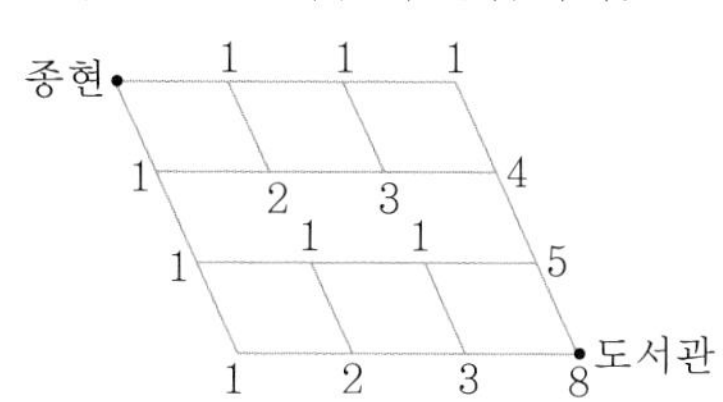

[답] 8가지

2 ⊖ 와 연결된 길은 없는 것과 같습니다.

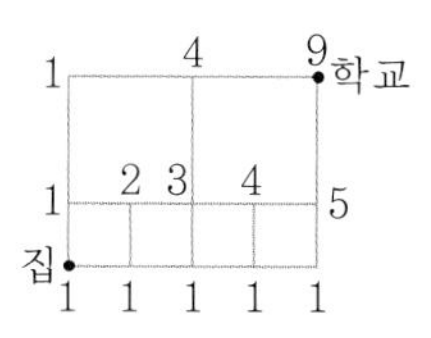

[답] 9가지

3

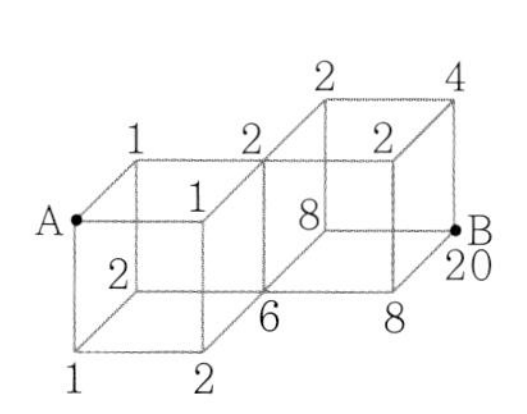

[답] 20가지

4 A → B의 방법의 가짓수 : 4가지

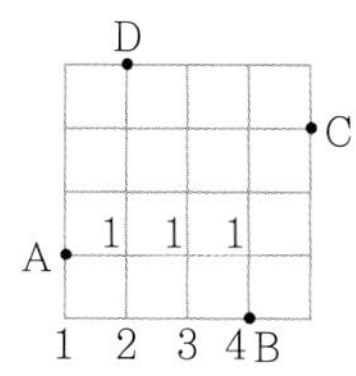

같은 방법으로 B에서 C, C에서 D로 가는 방법의 가짓수를 각각 구하면

B → C의 방법의 가짓수 : 4가지

C → D의 방법의 가짓수 : 4가지

A → B → C → D의 순서로 이동하는 방법의 가짓수는 $4\times4\times4=64$(가지)입니다.

[답] 64가지

11 경우의 수 p.94~p.95

예제 [답] ① 2, 6 ③ 12

유제 백의 자리 십의 자리 일의 자리

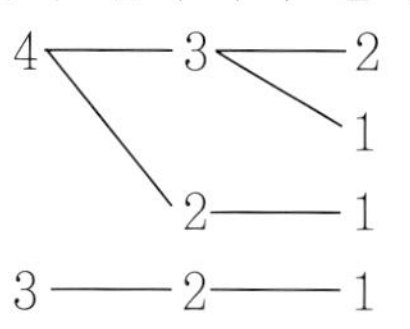

[답] 432, 431, 421, 321

예제 [답] ① 3, 3, 12 ② 3, 6

유제 $6\times5\div2=15$(가지)

[답] 15가지

유형 11-1 순서정하기 p.96~p.97

1

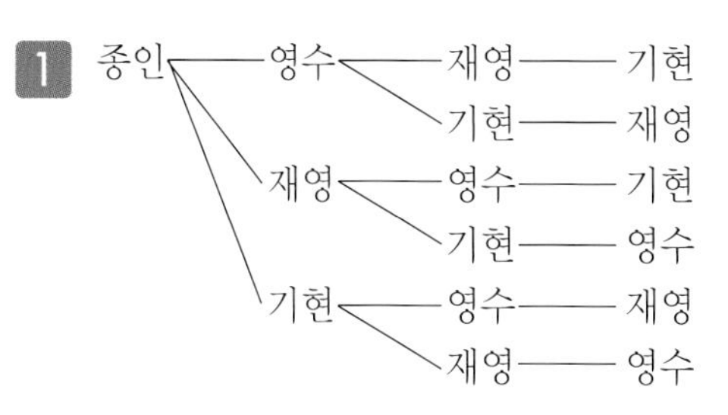

[답] 풀이 참조, 6가지

2 [답] 6, 24, 24

3 영수 — 재영 — 기현 — 종인

기현 — 재영 — 종인

영수가 맨 앞에 서는 경우가 2가지이고, 재영, 기현이가 맨 앞에서 서는 경우도 마찬가지이므로 모두 $2 \times 3 = 6$(가지)입니다.

[답] 6가지

확인문제

1 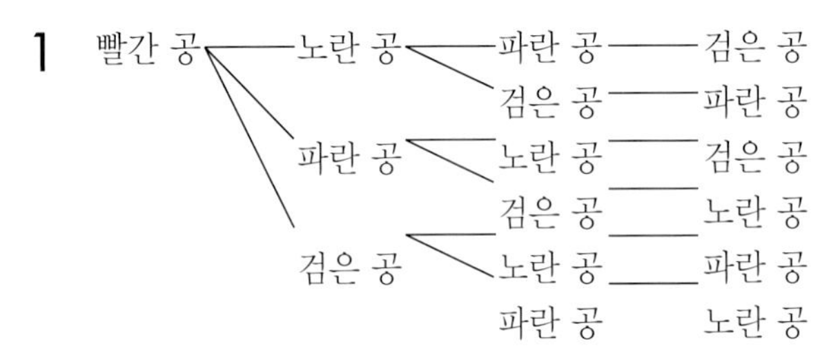

4개의 공이 각각 첫째 번으로 나올 때마다 서로 다른 6가지 경우가 만들어지므로 경우의 수는 $4 \times 6 = 24$입니다.

[답] 24

2
- 깃발을 1개 거는 경우 : 빨간색, 파란색, 흰색 3가지
- 깃발을 2개 거는 경우 : 3가지 색의 깃발을 각각 위쪽에 걸 때마다 서로 다른 2가지 경우가 만들어지므로 $3 \times 2 = 6$(가지)

  빨강 — 파랑
  빨강 — 흰색

- 깃발을 3개 걸 경우 : 3가지 색의 깃발을 각각 맨 위쪽에 걸 때마다 서로 다른 2가지 경우가 만들어지므로 $3 \times 2 = 6$(가지)

  빨강 — 파랑 — 흰색
  빨강 — 흰색 — 파랑

따라서 보낼 수 있는 신호는 $3+6+6=15$(가지)입니다.

[답] 15가지

유형 11-2 나뭇가지 그림 p.98~p.99

1 [답] 3

2 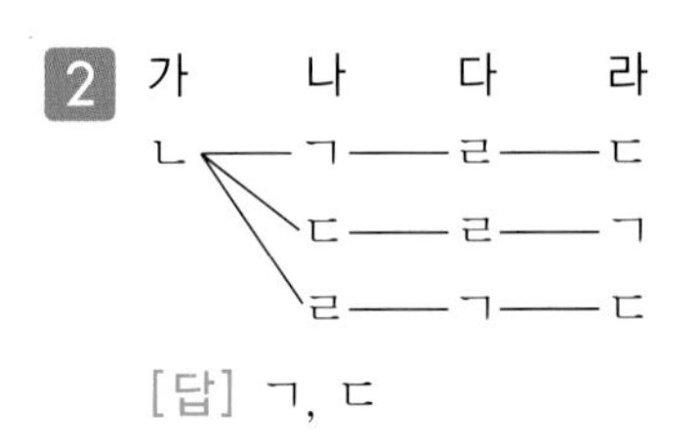

[답] ㄱ, ㄷ

3 [답] 3

4 [답] 9

5 가 나 다

ㄴ — ㄷ — ㄱ

ㄷ — ㄱ — ㄴ

[답] 2

확인문제

1 조건을 만족하는 경우의 나뭇가지 그림을 그리면 다음과 같습니다.

A — B — D — C
A — C — D — B
C — A — B — D
C — A — D — B
C — D — A — B
D — C — A — B

[답] 6

2 순이네 섬 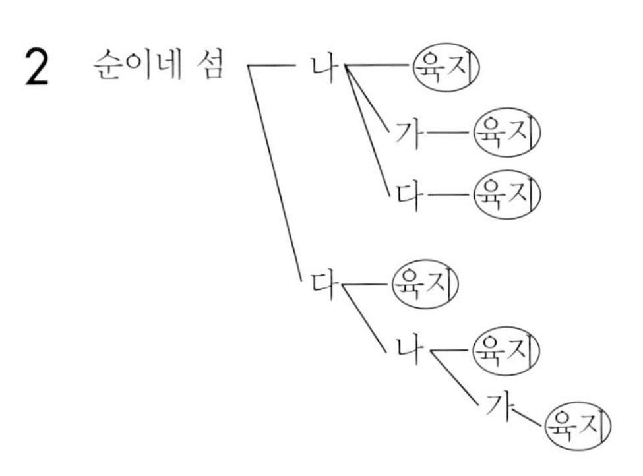

[답] 6가지

창의사고력 다지기 P.100~p.101

1 6가지 색깔 중 2가지 색을 고르는 문제이므로 6명 중 2명의 대표를 뽑는 경우의 수를 구하는 방법과 같습니다.
따라서 두 가지 색을 고르는 서로 다른 방법은 모두 $6 \times 5 \div 2 = 15$(가지)입니다.

[답] 15가지

2 수진이 ㄱ, 동오가 ㄴ, 재석이 ㄷ, 홍철이 ㄹ 방석에 앉았다고 했을 때 수진이가 ㄴ 방석에 앉는 경우의 나뭇가지 그림은 다음과 같습니다.

수진 동오 재석 홍철

ㄴ — ㄱ — ㄹ — ㄷ
ㄴ — ㄷ — ㄹ — ㄱ
ㄴ — ㄹ — ㄱ — ㄷ

따라서 3×3=9입니다.

[답] 9

3 조건을 만족하는 경우의 나뭇가지 그림을 그리면 다음과 같습니다.

백의 자리 십의 자리 일의 자리

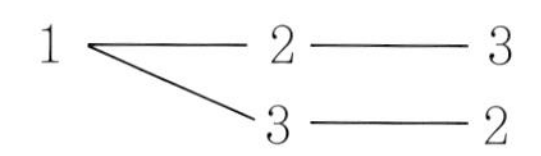

백의 자리 십의 자리 일의 자리

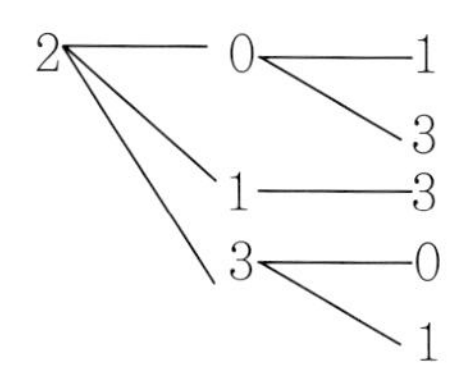

백의 자리 십의 자리 일의 자리

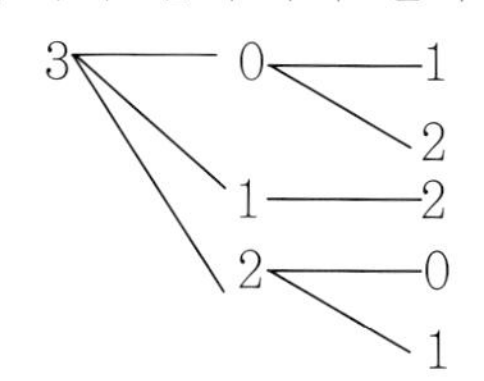

[답] 12

4 빨강 파랑 노랑

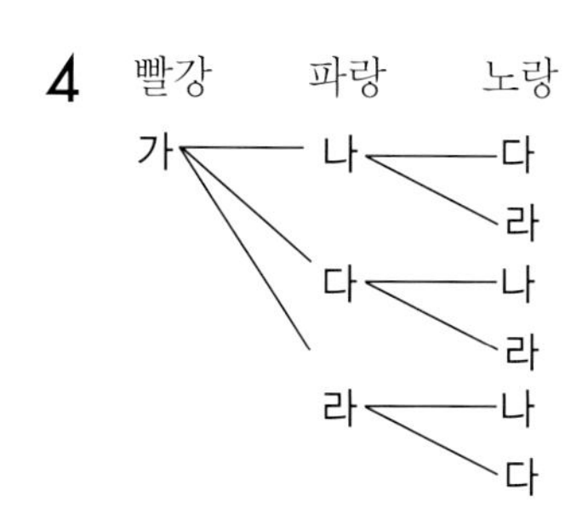

빨간색 공이 **가** 주머니에 들어가는 경우의 수는 6입니다.
빨간색 공이 **나**, **다**, **라** 주머니에 들어가는 경우의 수도 모두 같으므로 빨간색, 파란색, 노란색 공을 **가**, **나**, **다**, **라** 주머니에 1개씩 넣는 경우의 수는 6×4=24입니다.

[답] 24

12 프로베니우스 동전 p.102~p.103

예제 [답] ① 1, 8, 4, 12, 1 ② 7

예제 [답] ① 4 ② 2, 3 ③ 11

1	2	3	④
⑤	6	7	⑧
⑨	⑩	11	⑫
⑬	⑭	⑮	⑯
⑰	⑱	⑲	⑳
㉑	㉒	㉓	㉔
㉕	㉖	㉗	㉘
⋮	⋮	⋮	⋮

유형 12-1 거스름돈 없이 지불하기 p.104~p.105

1 [답]

1000원(장)	500원(개)	100원(개)	50원(개)
2	0	0	0
1	2	0	0
1	1	5	0
1	1	4	2
1	1	3	4

2 [답]

1000원(장)	500원(개)	100원(개)	50원(개)
0	4	0	0
0	3	5	0
0	3	4	2
0	3	3	4

3 [답] 9가지

확인문제

1

500원(개)	100원(개)	50원(개)	10원(개)
3	1	0	0
	0	2	0
	0	1	5
2	5	2	0
	5	1	5
	4	4	0
	4	3	5
	3	5	5

[답] 8가지

2

공책(권)	연필(자루)	지우개(개)	총개수(개)
4	0	1	5
3	2	1	6
3	1	5	9

[답] 5개

확인문제

1

1	2	3	4
5	6	7	⑧
⑨	10	11	⑫
⑬	14	15	⑯
⑰	⑱	19	⑳
㉑	㉒	23	㉔
㉕	㉖	㉗	㉘
⋮	⋮	⋮	⋮

[답] 23점

2

1	2	3	④
5	6	⑦	⑧
9	10	⑪	⑫
13	⑭	⑮	⑯
17	⑱	⑲	⑳
㉑	㉒	㉓	㉔
㉕	㉖	㉗	㉘
⋮	⋮	⋮	⋮

[답] 17cm

유형 12-2 과녁 맞히기 p.106~p.107

1

6점짜리 1개와 5점짜리를 □개로 만든 점수	6점짜리 2개와 5점짜리를 □개로 만든 점수	6점짜리 3개와 5점짜리를 □개로 만든 점수	6점짜리 4개와 5점짜리를 □개로 만든 점수	5점짜리 □개로 만든 점수
(6×1+5×□)점	(6×2+5×□)점	(6×3+5×□)점	(6×4+5×□)점	(5×□)점
1	2	3	4	⑤
⑥	7	8	9	⑩
⑪	⑫	13	14	⑮
⑯	⑰	⑱	19	⑳
㉑	㉒	㉓	㉔	㉕
㉖	㉗	㉘	㉙	㉚
⋮	⋮	⋮	⋮	⋮

[답] 풀이 참조

2 [답] 19점

3 [답] 10가지

창의사고력 다지기 p.108~p.109

1 가장 간단하게 각각의 편지봉투의 개수를 생각해 본 후, 다른 편지봉투로 바꾸어 봅니다.

300원짜리(장)	100원짜리(장)	50원짜리(장)	편지 봉투의 총 개수
4	2	0	6
3	5	0	8
3	4	2	9

[답] 2장

2

7g짜리 3개와 5g짜리	7g짜리 1개와 5g짜리	7g짜리 4개와 5g짜리	7g짜리 2개와 5g짜리	5g짜리만
1	2	3	4	⑤
6	⑦	8	9	⑩
11	⑫	13	⑭	⑮
16	⑰	18	⑲	⑳
㉑	㉒	23	㉔	㉕
㉖	㉗	㉘	㉙	㉚
㉛	㉜	㉝	㉞	㉟

[답] 12가지

3 가게 주인은 10000−8350=1650(원)을 거슬러 주어야 합니다. 다음과 같은 표에 큰 금액부터 작은 금액의 순서로 차근차근 바꾸어 가능한 경우를 찾아보면 2가지입니다.

500원(개)	100원(개)	50원(개)	10원(개)	총 개수(개)
3	1	1	0	5
	1	0	5	9
	0	3	0	6
	0	2	5	10
2	5	3	0	10
	5	2	5	14
	4	5	0	11
	4	4	5	15

[답] 2가지

4 A는 5점짜리를 0개, 1개, 2개, 3개를 맞혔을 때로 나누어 생각하면 나올 수 없는 점수는 6가지입니다.
B는 6점짜리를 0개, 1개, 2개, 3개, 4개를 맞혔을 때로 나누어 생각하면 나올 수 없는 점수는 10가지입니다.

A

1	2	3	④
⑤	6	7	⑧
⑨	⑩	11	⑫
⑬	⑭	⑮	⑯
⑯	⑰	⑱	⑲
⋮	⋮	⋮	⋮

B

1	2	3	4	⑤
⑥	7	8	9	⑩
⑪	⑫	13	14	⑮
⑯	⑰	⑱	19	⑳
⑳	㉑	㉒	㉓	㉔
⋮	⋮	⋮	⋮	⋮

나올 수 없는 점수는 10가지입니다.
나올 수 없는 점수의 가짓수가 과녁 B가 더 많으므로 나올 수 있는 점수의 가짓수는 과녁 A가 더 많습니다.
따라서 과녁 A를 선택하는 것이 유리합니다.

[답] A

X 규칙과 문제해결력

13 거리와 속력 p.112~p.113

예제 [답] ① 90 ② 90, 900

예제 [답] ① 1350 ② 1350, 9

유제 기차가 다리를 완전히 통과하기 위해서 움직여야 할 거리는 $8320+80=8400$(m)이고,
1분에 700m를 달리므로
$8400\div700=12$(분)입니다.

[답] 12분

유형 13-1 따라잡기 p.114~p.115

1 두 사람이 1분 동안 걸은 거리의 합은 $80+60=140$(m)이므로 10분 동안 $140\times10=1400$(m)를 걸습니다. 따라서 운동장의 둘레의 길이도 1400m입니다.

[답] 1400m, 1400m

2 은호가 앞에서 운동장을 돌고 있으므로 지우가 은호를 따라잡지 못합니다. 따라서 두 사람이 다시 만나게 되는 때는 은호가 한 바퀴를 더 돌아 지우를 따라잡는 경우입니다.

[답] 1바퀴

3 은호가 지우보다 1400m를 더 걸은 후에 두 사람이 만나게 되고, 은호는 지우보다 1분에 20m를 더 많이 걷습니다.
따라서 두 사람이 다시 만나는 데 걸리는 시간은 $1400\div20=70$(분)입니다.

[답] 70분

확인문제

1 준기는 1초에 $150\div10=15$(m)를 가고, 영은이는 1초에 $30\div6=5$(m)를 갑니다.
따라서 두 사람이 15초 동안 움직인 거리는 $(15+5)\times15=300$(m)이므로 연못의 둘레는 300m입니다.

[답] 300m

2 두 사람이 2분 동안 걸은 거리의 합은 원형도로의 길이와 같으므로 600m입니다.
서로 같은 방향으로 돌 때 두 사람이 만나려면 진영이는 효주보다 원형도로를 한 바퀴 더 돌아야 합니다. 두 사람이 6분 동안 걸은 거리의 합은 $600\times3=1800$(m)이고, 이 때, 진영이는 효주보다 600m를 더 걸었으므로 효주는
$(1800-600)\div2=600$(m), 진영이는 1200m를 걸었습니다.
진영이가 6분동안 1200m를 걸었으므로 1분 동안에는 $1200\div6=200$(m)를 걸었습니다.

[답] 200m

유형 13-2 다리 통과하기 p.116~p.117

1 두 다리의 길이의 차인 250m를 지나는 데는
$25-15=10$(초)가 걸립니다.

[답] 10초

2 10초 동안 250m를 달리므로 1초 동안 움직인 거리는 $250\div10=25$(m)입니다. 따라서 15초 동안에는 $25\times15=375$(m)를 움직입니다.

[답] 375m

3 기차가 다리를 완전히 통과할때까지 움직이는 거리는 (다리의 길이)+(기차의 길이)와 같으므로
350+(기차의 길이)=375에서 기차의 길이는 25m입니다.

[답] 25m

4 기차는 1초에 25m를 가므로 20초 동안
$25\times20=500$(m)를 움직입니다.
이것은 기차가 터널을 통과하는 데 움직인 거리인 (터널의 길이)+70m와 같으므로 터널의 길이는 $500-70=430$(m)입니다.

[답] 430m

1 기차의 길이는 일정하므로 24m를 더 달리는 데 3초가 더 걸립니다. 따라서 기차는 1초 동안 $24 \div 3 = 8$(m)를 움직입니다.

[답] 8m

2 기차는 1초에 12m를 달리므로 25초 동안 $25 \times 12 = 300$(m)를 달립니다. 이것은 기차의 길이와 철교의 길이의 합과 같으므로 철교의 길이는 $300 - 85 = 215$(m)입니다.

[답] 215m

창의사고력 다지기 p.118~p.119

1 A는 B보다 1시간에 14km를 더 달립니다.
A가 B를 따라잡기 위해서는 70km를 더 달려야 하므로 $70 \div 14 = 5$(시간)이 걸립니다.

[답] 5시간

2 성빈이가 유리를 따라잡으려면 유리보다 300m를 더 걸어야 합니다.
처음 만날 때부터 둘째 번으로 만날 때까지 $19 - 4 = 15$(분) 동안 성빈이는 유리보다 300m를 더 걸었으므로 1분에 $300 \div 15 = 20$(m)를 더 걷습니다.
처음으로 따라잡을 때까지 4분 동안 $20 \times 4 = 80$(m)를 더 걸은 것이므로 성빈이는 유리보다 80m 뒤에서 출발했습니다.

[답] 80m

3 기차의 모습이 보이지 않는 터널 안에서 기차가 움직인 거리는 (터널의 길이)−(기차의 길이)입니다.

기차가 움직인 거리

기차는 3분 동안 움직인 거리인 $350 \times 3 = 1050$(m)는 1500−(기차의 길이)와 같으므로
기차의 길이는 $1500 - 1050 = 450$(m)입니다.

[답] 450m

4 수민이는 1분에 50m의 빠르기로 걷고, 준희는 1분에 30m의 빠르기로 걷고 있으므로 두 사람은 1분에 $50 + 30 = 80$(m)씩 가까워집니다. 두 집 사이의 거리가 2000m이므로 두 사람은 $2000 \div 80 = 25$(분) 후에 만납니다. 따라서 강아지는 1분에 100m의 빠르기로 25분 동안 계속 달린 것과 같으므로 강아지가 달린 거리는 $100 \times 25 = 2500$(m)입니다.

[답] 2500m

14 과부족 p.120~p.121

예제 [답] ① 공배수 ② 65, 86, 107 ③ 107

유제 4와 6으로 나눈 나머지가 각각 3과 5인 경우 어떤 수는 4와 6의 공배수보다 1 작은 수입니다.
(4와 6의 공배수)−1 ➡ 11, 23, 35, 47, ⋯

[답] 11

예제 [답] ① 1 ② 10 ③ 10, 10, 58

유제 3개씩 담았을 때 남은 구슬 5개와 4개씩 담았을 때 모자란 구슬 2개를 더해야 모든 유리병에 1개씩 더 담을 수 있습니다. 따라서 유리병은 $5 + 2 = 7$(개)이고, 구슬은 모두 $3 \times 7 + 5 = 26$(개)입니다.

[답] 26개

유형 14-1 남음과 모자람 p.122~p.123

1 $30 + 6 = 36$(개)

[답] 36개

2 $2 \times ㉠ + 2 \times ㉠ + 4 = 4 \times ㉠ + 4$

[답] $4 \times ㉠ + 4$

3 $4 \times ㉠ + 4 = 36$
$4 \times ㉠ = 32$
$㉠ = 8$

[답] 8개

4 $8\times8+30=94$(개)

[답] 94개

확인문제

1 4명씩 앉았다가 5명씩 앉았을 때, 의자 1개당 1명이 더 앉을 수 있게 됩니다. 또, 4명 앉았을 때는 앉지 못했던 12명이 모두 앉고도 6개의 의자가 남았으므로 앉을 수 있는 인원이 모두 $12+6\times5=42$(명) 늘어난 것입니다. 따라서 의자의 개수는 42개이고, 아이들은 모두 $4\times42+12=180$(명)입니다.

[답] 180명

2 6대의 버스에 240명까지 탈 수 있으므로 적어도 240명보다는 많아야 합니다. 또, 7대의 버스에 빈자리 없이 탔을 경우 $40\times7=280$(명)까지 탈 수 있습니다.
따라서 학생 수는 최소 241명, 최대 280명입니다.

[답] 가장 적을 경우 : 241명,
가장 많을 경우 : 280명

유형 14-2 나머지의 활용 p.124~p.125

1 [답] 공배수, 2

2 [답] 10, 22, 34, 46, …

3 [답] 10, 70, 130, …

4 [답] 130

확인문제

1 5와 4로 나눈 나머지가 각각 3과 2인 경우 어떤 수는 5와 4의 공배수보다 2 작은 수입니다.
5와 4의 최소공배수는 20이므로
(5와 4의 공배수)-2 ➡ 18, 38, 58, 78, 98입니다.
따라서 모두 5개입니다.

[답] 5개

2 ②, ③의 조건을 만족하는 수는 (4와 5의 공배수)$+3$이므로 23, 43, 63, 83, 103, 123, …입니다.
②, ③의 조건을 만족하는 수 중 ①의 조건을 만족하는 가장 작은 수는 83입니다. ➡ ($83\div9=9$ … 2)

[답] 83

창의사고력 다지기 p.126~p.127

1 3과 4로 나눈 나머지가 모두 2인 경우에 어떤 수는 (3과 4의 공배수)$+2$입니다
즉, 14, 26, 38, 50, 62, 74, …입니다.
또, 100을 나누어서 나누어떨어지게 하는 수는 100의 약수입니다.
100의 약수 : 1, 2, 4, 5, 10, 20, 25, 50, 100
따라서 어떤 수는 50입니다.

[답] 50

2 3, 4, 5로 나눈 나머지가 각각 2, 3, 4인 경우에 어떤 수는 3, 4, 5의 공배수보다 1 작은 수입니다.
(3, 4, 5의 공배수)-1 ➡ 59, 119, 179, 239, 299, 359, 419, 479, 539, …
따라서 500에 가장 가까운 수는 479입니다.

[답] 479

3 재석이와 상진이가 가진 돈을 합하여 자전거 2대를 사기에는 $30000+32000=62000$(원)이 부족하고, 재석이와 상진이가 가진 돈을 합하면 자전거 1대의 가격과 같습니다.
따라서 자전거 한 대의 가격은 62000원입니다.

[답] 62000원

4 정민이는 성준이보다 하루에
$5000-4600=400$(원)씩 적게 사용해서 여행을 마친 후 정민이는 성준이보다 $4400-800=3600$(원)이 더 많이 남았습니다.
따라서 여행은 $3600\div400=9$(일) 동안 했고, 두 사람이 처음 가지고 떠난 돈은
$5000\times9+800=45800$(원)입니다.

[답] 45800원

15 재치있게 풀기 p.128~p.129

예제 [답] ② 승민

유제 12병을 마신 빈 병을 새 음료수 3병으로 바꿀 수 있습니다. 또, 13병 중 남은 한 병과 나중에 받은 음료수 한 병을 받을 수 있습니다.
모두 12+3+1+1=17(병)

[답] 17병

예제 [답] ① 30 ② 20 ③ 20

유제 2명이 2분 동안 사과 2개를 먹으면 1명이 사과 1개를 먹는 것과 같습니다. 8명이 사과 8개를 먹는 것도 1명이 사과 1개씩 먹는 것이므로 마찬가지로 2분이 걸립니다.

[답] 2분

유형 15-1 2배로 번식하는 버섯 p.130~p.131

1

오늘	1일 후	2일 후	3일 후	4일 후
1개	2개	4개	8개	16개

오늘	1일 후	2일 후	3일 후	4일 후
2개	4개	8개	16개	32개

[답] 풀이 참조

2 [답] 1일

3 [답] 19일 후

4 오늘 동굴이 가득 찼다면 1일 전에는 동굴의 $\frac{1}{2}$만큼, 2일 전에는 동굴의 $\frac{1}{4}$만큼 찼습니다.

[답] 19일 후

확인문제

1 한 방울을 떨어뜨리면, 물감이 퍼지는 넓이가 1, 2, 4, 8이 되고, 두 방울 떨어뜨리면 2, 4, 8이 되므로 넓이 8이 되는 데는 3초가 걸립니다.

[답] 3초

2 우주선은 지구로부터의 거리가 매일 2배씩 멀어집니다. 따라서 $\frac{1}{2}$ 지점을 지나는 것은 하루 전인 12월 30일입니다.

[답] 12월 30일

유형 15-2 호떡 굽기 p.132~p.133

1

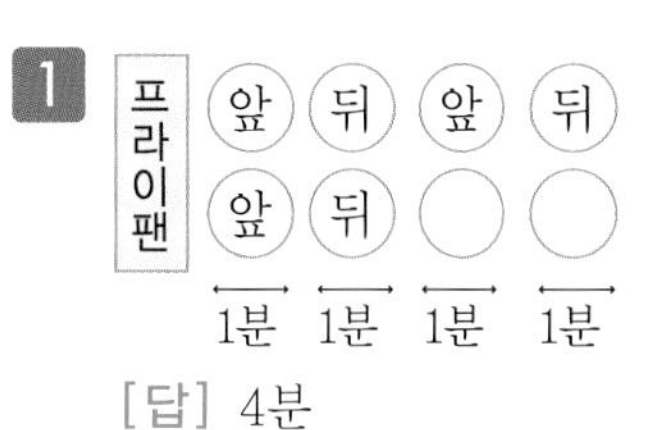

[답] 4분

2 마지막 호떡은 1개만 올리고 구워야 하기 때문에 프라이팬에 호떡 1개의 자리가 남습니다.

[답] 풀이 참조

3

	프라이팬	
1분	① 앞면	② 앞면
1분	① 뒷면	③ 앞면
1분	② 뒷면	③ 뒷면

[답] 풀이 참조

4 [답] 3분

5 3개의 빵을 각각 A, B, C라고 했을 때, 가장 빠르게 굽는 방법은 다음과 같습니다.

오븐	A 앞면	A 뒷면	B 뒷면
	B 뒷면	C 앞면	C 뒷면
	4분	4분	4분

따라서 3개의 빵을 굽는 데 최소 $4+4+4=12$(분)이 걸립니다.

[답] 12분

확인문제

1 계란 3개를 각각 A, B, C라고 했을 때, 가장 빨리 익히는 방법은 다음과 같습니다.

	2분	2분	1분
프라이팬	A	C	C
	B	A B	

따라서 계란 3개를 익히는 데 최소한 $2+2+1=5$(분)이 걸립니다.

[답] 5분

2 과자 6개를 각각 A, B, C, D, E, F라고 했을 때, 가장 빨리 굽는 방법은 다음과 같습니다.

오븐			
	A	A	C
	B	B	D
	C	E	E
	D	F	F
	1분	1분	1분

따라서 과자 6개를 모두 굽는 데 적어도 $1+1+1=3$(분)이 걸립니다.

[답] 3분

창의사고력 다지기

p.134~p.135

1 6병을 마시고 3병씩 바꾸면 2병을 더 마실 수 있습니다. 2병은 바꿀 수 없으므로 모두 8병을 마실 수 있습니다.

[답] 8병

2 낮에 50cm를 올라가고 밤에 10cm를 미끄러져 내려오면 하루에 40cm를 올라가는 셈입니다. 꼭대기가 5m이므로 10일 밤에 4m 높이에 오르게 되고, 11일 밤에 4m 40cm, 12일 낮에 4m 90cm 높이에 올랐다가 밤에 4m 80cm 높이이고, 13일 낮에 5m 꼭대기에 올라갈 수 있습니다.

1일 2일 12일 13일
$(50-10)+(50-10)+\cdots+(50-10)+20=500$

[답] 13일

3 [답]

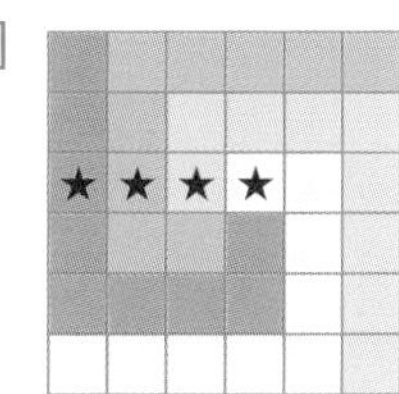

4 개와 닭, 닭과 나물은 함께 남을 수 없기 때문에 가장 먼저 옮길 수 있는 것은 닭입니다.

개, 닭, 나물		
개, 나물	닭 →	
나물	개 →	닭
나물	← 닭	개
닭	나물 →	개
	닭 →	개, 나물
		개, 나물, 닭

[답] 풀이 참조

Memo

Memo

Memo

Memo

팩토는 자유롭게 자신감있게 창의적으로
생각하는 주·니·어·수·학·자입니다.

Free Active Creative Thinking O. Junior mathtian

논리적 사고력과 창의적 문제해결력을 키워 주는

매스티안 교재 활용법!

대상	창의사고력 교재		연산 교재
	팩토슐레 시리즈	팩토 시리즈	원리 연산 소마셈
4~5세	팩토슐레 Math Lv.1 (6권)		
5~6세	팩토슐레 Math Lv.2 (6권)		
6~7세	팩토슐레 Math Lv.3 (6권)	킨더팩토 A, 킨더팩토 B, 킨더팩토 C, 킨더팩토 D	소마셈 K시리즈 K1~K8
7세~초1		키즈 원리A, 탐구A, 키즈 원리B, 탐구B, 키즈 원리C, 탐구C	소마셈 P시리즈 P1~P8
초1~2		Lv.1 원리A, 탐구A, Lv.1 원리B, 탐구B, Lv.1 원리C, 탐구C	소마셈 A시리즈 A1~A8
초2~3		Lv.2 원리A, 탐구A, Lv.2 원리B, 탐구B, Lv.2 원리C, 탐구C	소마셈 B시리즈 B1~B8
초3~4		Lv.3 원리A, 탐구A, Lv.3 원리B, 탐구B, Lv.3 원리C, 탐구C	소마셈 C시리즈 C1~C8
초4~5		Lv.4 기본A, 실전A, Lv.4 기본B, 실전B	소마셈 D시리즈 D1~D6
초5~6		Lv.5 기본A, 실전A, Lv.5 기본B, 실전B	
초6~		Lv.6 기본A, 실전A, Lv.6 기본B, 실전B	